WHISKY

KB090731

초보 _닝커를 위한

위스키 안내서

BM (주)도서출판 성안당

CONTENTS

CONTENTS

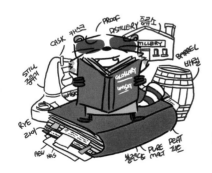

PROLOGUE

프롤로그를 쓰며 생각을 해봤습니다.
왜 위스키는 나에게 특별한 술이 되었을까?
위스키를 좋아하는 이유는 무엇일까?
여러 가지 이유가 있겠지만 무엇보다 위스키가 남
겨준 첫 만남의 좋은 기억 때문이 아닐까 생각합
니다.

위스키와의 첫 만남에 대한 다른 기억은 희미해졌지
만, 그전까지 마셨던 술과는 다르게 차분한 시간 속
에서 천천히 즐겼던 좋은 기억은 지금까지 또렷하게
남아 있습니다. 그리고 위스키가 되기까지 조용하게
오랜 시간을 기다리는 위스키의 독특함에 끌렸던 기
억도 말이죠. 그런 좋았던 기억이 더해져 위스키를
특별한 술로 만들어준 것이 아닐까 생각합니다.

저의 좋았던 기억과는 다르게 많은 이들에게는 위
스키가 '양주'라 불리며 무겁고 가까이하기 어려운
술로 오랫동안 기억되었던 것 같습니다. 세월이 흘
러 이제 조금씩 좀 더 가볍고 쉽고 가까운 술로 바
뀌고 있으며 보다 많은 이들이 찾는 술이 되어가고

있는 위스키. 이 책이 위스키와 어떻게 친해져야
하는지 모르는 분들에게는 그 첫인사가 되고, 위스
키와 조금 더 친해지고 싶으신 분들에게는 반가운
대화가 되었으면 하는 바람입니다.

《초보 드링커를 위한 위스키 안내서》에는 위스키
의 많은 정보를 담으려는 욕심도 있었지만 무엇보
다 정확한 정보를 전달하는 걸 우선했습니다. 내용
들은 국내에 발간된 증류주와 위스키에 관한 대부
분의 책과 해외 유명 서적, 위스키 단체와 규모 있
는 곳의 기사 등을 우선으로 참고하고 교차 확인했
으며, 위스키 관련 정보는 각 위스키 공식 홈페이
지를 참고했습니다. 여러 차례 확인했다고는 하지
만 잘못된 표기와 오류는 있을 수 있고 정보들이
바뀔 수 있으니 이후에도 블로그 초보 드링커를 위한
술 안내서를 통해 수정하고 알리며 계속해서 인연을
이어 나가도록 하겠습니다.

위스키 용어는 국내 외래어 표기법을 따랐으며, 대
명사처럼 굳어진 것은 사용하는 그대로 표기했습

니다. 다만 게일어가 들어간 용어는 영어에서도 기준이 없기 때문에 표기법, 많이 사용하는 발음 순으로 표기했습니다.

요즘 위스키의 가격은 사실상 시가(?)이기 때문에 아쉽게도 기재하기가 어렵습니다. 지금도 끊임없이 가격이 변동되고 있으며 점점 그 변동 폭이 커지고 있지요. 국내의 주세법으로 인한 다른 나라들과의 큰 가격 차이가 더욱 아쉽기도 하지만, 위스키 역사상 최고의 황금기인 지금 국내에서도 그 어느 때보다 다양한 위스키를 만날 수 있기도 합니다. 위스키를 즐기는 이들이 늘어나면 더욱더 많은 위스키를 어렵지 않게 만날 수 있으리라 기대해봅니다.

위스키의 풍미나 취향에 관한 것은 우선 제조사의 프로필을 참고하고 많은 사람들이 그나마 공통적으로 느끼고 어느 정도 수긍되는 풍미를 간단하게 이미지로 표기했습니다. 사실 위스키 풍미에 관한 것은 지극히 개인적이고 상대적이기 때문에 정해진

풍미를 찾는다는 것은 어떻게 보면 이상하게 생각되기도 합니다. 항상 같은 위스키는 없습니다. 적어도 저에게는 그랬습니다. 책을 준비하는 기간 동안 거의 매일 위스키를 마시며 풍미에 대해 느꼈지만 같은 위스키도 매일매일 다르게 다가왔으니까요.

위스키를 즐기는 것은 오롯이 자신의 몫입니다. 어느 방향으로 갈 것인지는 자신이 결정할 몫이지요. 편견 없이 자신만의 방법으로 위스키를 즐기길 바랍니다. 《초보 드링커를 위한 위스키 안내서》의 안내는 바로 고 앞까지입니다.

지금 이 글을 쓰고 있는 시간이 오전 8시 4분이네요. 글을 쓰며 위스키에 대해 생각하다가 한 잔 따르고야 말았습니다. 오늘 위스키는 저에게 글을 마무리하는 수고를 토닥이는 위안이었습니다.
여러분에게는 위스키가 어떤 위안이 되어줄지 문득 궁금해집니다.

이야기고래 김성욱

위스키, 넌 누구냐?

위스키란?

술을 처음 접했던 순간을 기억하시나요? 아마 우리가 그동안 미처 알지 못했던 즐거움이 더해지는 순간이었을 겁니다. 점차 여러 종류의 술이 있다는 것도 조금씩 알게 되지요. 그러다 어느 순간, 진한 갈색빛의 술을 만나게 됩니다. 흔히 양주로 알고 있는 위스키입니다. 양주는 말 그대로 서양의 술을 말합니다. 맥주를 포함할 수도 있겠네요. 독하게만 느껴졌을지도 모를 위스키와의 첫 만남 이후, 당장은 아니더라도 점차 이 술의 묘한 매력을 느끼고 '위스키'라는 술에 대해 좀 더 알고 싶어진 분들도 있었을 것입니다.

과연 많은 종류의 술 중에서도 눈길을 끄는 위스키만의 매력은 무엇일까요? 세월을 담은 색과 맛은 물론이고 그 세월에 새겨진 이야기들이 위스키의 매력에 한몫하리라 생각합니다. 흥미로운 위스키 이야기. 지금부터 양주 중에서 위스키를 구분해내지 못하는, 혹은 이제 막 위스키를 다른 양주들과 구분하기 시작한 초보 드링커들을 위한 위스키 세계로의 안내를 시작합니다.

위스키의 매력을 탐구하는 첫 번째 여정은 '위스키'라는 단어를 살펴보는 것부터 출발합니다.

스코틀랜드게일어

아일랜드게일어

UISGE: 물
BEATHA: 생명의

위스키의 어원

'위스키'라는 말은 어디에서 왔을까요? 위스키의 어원은 게일어인 위스게 베하Uisge Beatha에서 유래된 것으로 추측하고 있습니다. 이는 '생명의 물'이란 뜻입니다. 위스게Uisge는 스코틀랜드 게일어로 '물'을 뜻하며, 베하Beatha는 '생명'을 뜻합니다. 이후 'Usquebaugh → Usquebath → Usky' 등여러 가지 음으로 줄여 불리다가, 마침내 위스키Whisky가 된 것으로 알려져 있습니다.

생명의 물
WATER OF LIFE

위스게 베하
UISGE BEATHA
위스키
(WHISKY)

오드비
EAU DE VIE
브랜디
(BRANDY)

야쿠아비타
AQUA VITA
아쿠아비트
(AQUAVIT)

생명의 물

'생명의 물'은 초기에 증류주를 불렀던 명칭입니다. 위스키의 초기 증류주였던 위스게 베하뿐만 아니라, 아쿠아비트의 아쿠아비타Aqua Vita, 브랜디의 오드비Eau-de-Vie 등 다른 초기 증류주들도 '생명의 물'이란 뜻을 그 어원의 유래로 가지고 있습니다. 보드카의 어원인 보다Voda도 러시아어로 '물'을 뜻합니다. 현대에 와서 그것을 남용하는 사람들을 생각하면 '생명을 빼앗는 물'이라 불러야 어울릴 듯하지만요. 하지만 이랍의 증류 기술이 유럽에 전파되었던 것은 십자군 전쟁 이후 수도사들에 의해서였는데, 당시에 해열이나 강장, 소화 등을 위한 약으로 증류주가 사용됐던 것을 생각하면 '생명의 물'이라고 불리던 것이 알맞아 보입니다. 쓰임에 따라 생명을 주는 물이 될 수도, 생명을 빼앗는 물이 될 수도 있겠네요.

Whisky? Whiskey?

위스키에 관심 있는 분들은 아시겠지만, 위스키의 영문 표기가 조금씩 다릅니다. Whisky도 있고, Whiskey라고 'e' 자를 덧붙인 표기도 있지요. 큰 의미는 없습니다. 주로 아일랜드에서는 Whiskey로, 스코틀랜드에서는 Whisky로 표기하고 있으며, 아일랜드 방식의 위스키가 전해진 미국에서도 Whiskey를 사용하고 있습니다. 물론 미국 위스키 중에도 Whisky로 표기하는 경우가 있습니다. 그 외 지역에서는 대부분 Whisky로 표기하고 있습니다.

술의 한 종류인 위스키

여기서 잠깐. '위스키'란 무엇일까요? 네, 바로 술입니다. 아시다시피 위스키는 수많은 술의 종류 중 하나입니다. 자, 그럼 '술'이란 과연 무엇일까요? 위스키를 좀 더 자세히 알기 위해서는 술을 알아야겠지요. 지금부터 술에 대해 간단하게 알아보겠습니다.

'술'이란 단어는 술이 만들어질 때 발효되어 끓는 모습을 보고 물에서 불이 생긴다고 하여 '수불'로 불리던 것이 '수블 → 수본 → 수울 → 수을 → 술'로 변했을 것으로 추측하고 있습니다.

술의 사전적 의미는 '알코올이 함유되어 있어 마시면 취하는 음료의 총칭'으로 정의되며, 법적으로는 '1% 이상의 알코올을 함량한 음료'를 말합니다.

술은 아주 오래전부터, 우리 인간들이 이 땅에 살기 전부터 있었습니다. 어쩌면 신들이 세상에 발딛고 있을 때부터 존재했을 것입니다. 술에 관한 기원에 신과 악마들이 심심찮게 등장하는 것을 보면 말이죠.

신과 악마가 등장하는 술의 기원은 이렇습니다. 악마는 술 만드는 열매가 열리는 나무의 거름으로 양, 사자, 원숭이, 돼지를 사용했다고 합니다. 그래서 처음에 술을 마시면 양처럼 순하다가 곧 사자처럼 용맹해지고 다시 원숭이처럼 춤추다 종래엔 돼지처럼 더러운 바닥을 뒹굴게 된다는 이야기가 생겼습니다.

또한 술의 신이 술을 만들 때, 술에만 들어가는 재료를 넣었는데 바로 솔직함, 슬픔, 분노였습니다. 그리고 술의 신은 조금 생각하더니 마지막으로 망각과 후회를 재료로 넣었다고 합니다.

결국 악마가 만든 술이든 신이 만든 술이든, 마지막까지는 맛보지 않는 게 좋겠습니다.

인간이 신의 자리를 차지한 이후, 이 술이라는 것을 알게 됩니다. 아마 그 처음은 과일이 익고 썩어 없어지는 자연스러운 과정 중, 썩기 이전에 물이 생기고 이상한 냄새가 나는 상태의 과일을 먹었던 것에서 시작했을 겁니다. 이런 과일의 물을 먹으면 이상하게 기분이 좋아지는 것을 느끼고, 이 상태가 된 과일을 찾아 먹기 시작하면서 서서히 술에 대해서 알게 되었을 테죠.

점차 농경 생활을 하면서 가축의 젖을 이용해서도 술을 만들고 마침내 술을 끓여 만드는 증류법까지 알게 되었을 겁니다.

그 이후로 자연스럽게 인간의 역사와 술의 역사는 함께하게 됩니다.

술, 酒, LIQUOR

1%이상 알코올 →

술 LIQUOR

술의 원리

그렇다면 술은 어떤 원리로 만들어질까요? 술은 당과 효모가 만나 만들어집니다. 과일 자체만으로는 술로 변하지 않지요. 과일 속 당이 '효모'라고 이름 지어진 일종의 균을 만나야 합니다. 포도를 예로 들면 포도 열매에는 당이 있고, 이 당이 포도 껍질에 있는 균의 일종인 효모를 만나 술이 되는 것입니다.

효모가 당을 만나 적정한 조건적정 온도와 공기의 차단이 맞춰지면 효모는 당을 술알코올과 이산화탄소 CO_2로 분해합니다. 이렇게 당이 분해되는 과정을 '발효'라고 부르며, 이때 발생하는 이산화탄소로 인해 거품이 나며 끓는 듯한 현상이 나타납니다.

효모는 영어로 yeast(이스트)인데, yeast의 어원인 gyst는 '끓는다'라는 뜻을 가지고 있습니다.

그런데 말이죠, 인간들은 과일로 만드는 술만으로는 만족하지 못했습니다. 농경 생활을 통해 얻게 된 곡물로도 술을 만들고 싶었던 인간은 마침내 곡물로 술을 빚을 방법을 발견합니다.

보리, 수수, 쌀, 감자, 옥수수 등 곡물은 전분으로 이루어져 있습니다. 전분을 당으로 바꿔야 술을 만들 수 있는데, 다행히 전분은 여러 당으로 이루어져 있습니다. 다만, 당만으로는 술이 될 수 없고 효

모를 만나야 하는 것처럼 전분도 어떤 존재를 만나 도움을 받아야 하는데, 전분을 당으로 바꿔서 분해해주는 도움을 주는 존재가 바로 효소입니다. 예를 들어 곡물을 입 안에서 씹은 후에 발효해 술을 얻기도 하지요. 침에는 '아밀라아제'라는 효소가 있어서 전분을 당으로 바꿀 수 있으니까요.

맥주를 만들 때 보리에 싹을 틔우는 과정이 있는데, 이 싹 틔운 보리를 '맥아'라 합니다. 맥아에는 당화 효소아밀라아제가 있어서 이를 이용해 곡물 속 전분을 분해하여 당화할 수 있습니다. 그 때문에 보리 외의 다른 곡물들을 당화할 때 맥아를 섞어주는 것입니다.

우리나라를 비롯한 동양에서 술을 만들 때는 곰팡이의 일종에서 나온 당화 효소를 가진 '누룩'이라는 것을 이용합니다. 누룩에 포함된 효모가 전분을 당화하고, 당화된 당을 술로 분해하는 역할을 합니다.

이처럼 전통적으로 서양에서는 맥아를, 동양에서는 누룩을 이용해왔습니다.

효모는 곰팡이의 일종인 균이고, 효소는 당화 현상을 촉발하는 단백질입니다.

술(ALCOHOL)이 만들어지는 과정

당 SUGAR

효모 YEAST

발효 FERMENTATION

아산화탄소 CO2

당으로 변화하는 과정

전분STARCH

효소 ENZYME

당SUGAR

술이 만들어지는 과정

술이 만들어지는 과정을 간략히 살펴보겠습니다. 포도나 과일처럼 당을 가지고 있는 과일은 바로 발효시켜 와인과 같은 술로 만들 수 있으며, '당 → 효모발효 → 술알코올'이 되는 과정을 거칩니다. 또한 보리, 쌀, 수수 등 곡물의 전분을 당화한 후 발효해 맥주나 막걸리, 청주와 같은 술을 만들 수도 있으며, '전분 → 효소당화 → 당 → 효모발효 → 술알코올'의 과정을 거치게 됩니다. 이때 당화하는 역할을 하는 것이 바로 맥아나 누룩 혹은 침의 아밀라아제와 같은 효소입니다.

오래된 술, 발효주

효모가 당을 분해해서 만들어지는 것이 술이며, 이렇게 비교적 간단하고 자연적인 방식으로 만드는 술을 발효주양조주, Fermented Liquor 라고 합니다. 술이 만들어지는 가장 자연스러운 과정을 거치기 때문에 오래된 술은 대부분 발효주에 속하겠죠. 가장 오래된 술로 알려진 '와인'이 대표적인 발효주입니다. 앞에서 살펴본 당화 과정을 거쳐 만들어지는 맥주, 막걸리, 청주 등도 발효주에 속합니다.

지금까지 당화 과정에 대해 아주 간략하게 알아봤지만 인류가 이 과정을 알기까지는 약 2,000년 정도가 걸렸을 것으로 추측하고 있습니다.

자연 상태에서 발효하는 술은 도수가 20% 미만입니다. 20%를 넘어가면 효모가 죽게 되어 더는 발효가 일어나지 않지요. 그래서 대부분의 발효주는 20% 미만의 도수를 가지고 있습니다. 기온차를 적절히 이용하면 20% 이상의 도수도 얻을 수 있지만 자연 상태에서는 어렵겠죠.

그렇게 오랫동안 발효주만을 알고 즐기던 인류는 깜짝 놀랄 만큼 획기적인 또 다른 술의 종류를 알게 됩니다. 앞서 '생명의 물'이라 말했던 '증류주'를 발견한 것입니다.

와인　　맥주　　　　　　　　　　막걸리　청주　사케

소주 　 맥주 　 위스키 　　 보드카 　 진 　 테킬라 　 브랜디

길들여진 술, 증류주

대표적인 증류주Spirit가 바로 '위스키'입니다. 곡물을 발효해서 만든 술을 증류하고 숙성하면 위스키가 되지요. 쉽게 말해서 싹이 튼 보리인 맥아를 발효해서 만든 술, 즉 맥주를 증류하면 위스키 원액을 얻을 수 있습니다. 참고로 이때 맥아가 아닌 와인을 증류하면 브랜디가 됩니다.

과일이 발효되면 와인과 같은 술이 된다는 걸 알게 되고, 세월이 지나 곡물을 발효해서 맥주와 같은 술을 만드는 방법을 알게 되었고, 또 세월이 한참 지나 증류 기술이 발달하면서 위스키와 같은 증류주가 등장하게 된 것입니다.

기원전의 기록에도 증류에 대한 기록은 남아 있으나, 지금과 같은 증류 기술의 기본이 정립된 건 화학의 기초를 다듬은 아랍의 연금술사들 덕분이었습니다. 그중 가장 유명한 연금술사이자 아랍 화학의 아버지라 불리는 중세 과학자, 자비르 이븐 하이안Jabir Ibn Hayyan이 770년경 화학 성분을 분리하는 실험을 통해 향수, 화장품, 증류주 등을 만들 수 있는 증류장치를 발명했습니다. 여담으로 화학을 뜻하는 chemistry는 연금술을 뜻하는 'alchemy 아랍어로는 al kimia'에서 유래했으며, 술을 뜻하는 alcohol도 아랍어 관사인 'al'과 화장용 가루를 뜻하는 'kohl'에서 유래한 것으로 보고 있습니다.

이후 아랍의 증류 기술은 십자군 전쟁 등을 통해 유럽과 교류하며 전해졌습니다.

증류의 원리

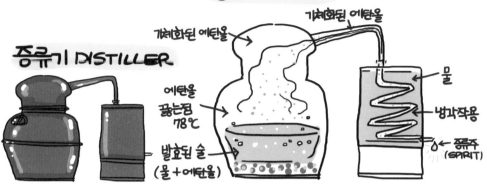

증류기 DISTILLER

가혀화된 에탄올

가혀화된 에탄올

물

에탄올 끓는점 78℃

냉각작용

발효된 술 (물+에탄올)

증류주 (SPIRIT)

증류주가 만들어지는 원리를 간단히 알아볼까요? 증류할 때는 에탄올의 끓는점이 물의 끓는점보다 낮다는 점을 이용합니다. 물은 100℃에서 끓고 에탄올은 78℃에서 끓게 되죠. 발효되어 도수를 가지

고 있는 술을 끓이면 술의 에탄올이 기체화되고, 기체화된 에탄올이 다시 액체화되는 과정에서 높은 도수, 즉 에탄올이 많이 포함된 술을 얻을 수 있습니다.

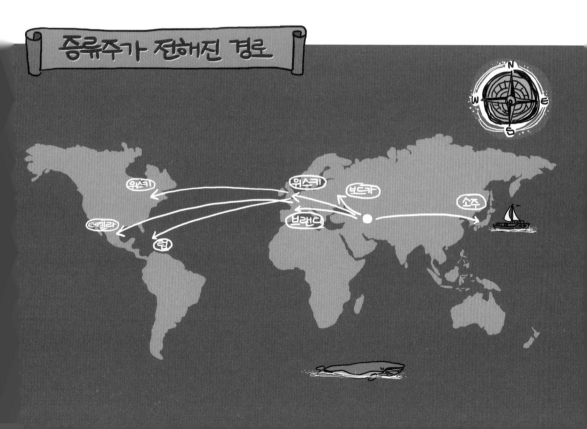

증류주가 전해진 경로

위스키

위스키

보드카

소주

데킬라

럼

브랜디

위스키는 어떤 술인가?

위스키는 보리를 발효하고 증류해서 만드는 술입니다. 쉽게 말해서 맥주를 증류하면 위스키가 된다고 볼 수 있습니다. 현대에도 이와 비슷한 과정으로 위스키가 만들어집니다.

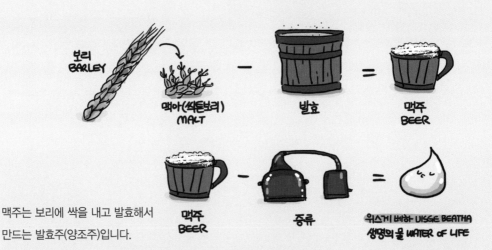

맥주는 보리에 싹을 내고 발효해서 만드는 발효주(양조주)입니다.

당이 분해되는 과정에서 술이 만들어지는데, 보리(곡물)는 전분으로 이루어져 있어 당으로 변화하는 과정이 필요합니다. 이를 도와주는 효소가 맥아, 즉 싹이 튼 보리에 있으므로 보리에 싹을 낸 후 발효합니다. 이렇게 만든 발효주인 맥주를 증류하면 생명의 물, '위스게 베하'라고 불린 위스키(위스키 원액)가 만들어집니다.

과일 중 포도를 예로 들어 증류 과정을 살펴보겠습니다. 포도를 발효하면 와인이 되고, 와인을 증류하면 역시 '생명의 물'이라는 뜻의 오드비Eau-de-Vie 라고도 불린 브랜디가 됩니다. 참고로 포도는 자체로 당을 가지고 있어서 당화 과정 없이 발효가 진행됩니다.

결국 증류주는 맥주나 와인처럼 발효해서 만드는 술을 증류해서 얻을 수 있습니다. 대부분의 증류주가 만들어지는 과정은 이와 비슷합니다.

언뜻 보기에는 간단한 과정인 듯하지만, 발효와 증류를 거쳐 증류주가 지금의 모습을 갖추기까지 인류의 역사와 함께 아주 오랜 기간이 필요했습니다.

보리를 발효해서 만든 술을 증류하면 위스키가, 포도를 발효해서 만든 술을 증류하면 브랜디가 됩니다. 또한 사탕수수를 발효해서 만든 술을 증류하면 럼이, 아가베를 발효해서 만든 술을 증류하면 테킬라가, 그리고 쌀을 발효해서 만든 술을 증류하면 소주가 만들어지게 되는 것이지요.

위스키가 되는 특별한 과정

'생명의 물'이라 불렸던 증류주 중에서 맥주를 증류해 만들었던 위스게 베하도 처음에는 지금과 다른 모습이었습니다. 보드카와 비슷하게 투명한 색을 가진 거친 술이었지요. 그런 모습에 한 가지 요소가 더해지며 지금과 같은 모습의 위스키가 됩니다.

위스키가 지금의 모습이 되기까지 빼놓을 수 없는 한 가지 요소가 바로 오크통 참나무통 숙성 방법입니다. 오크통에 담긴 생명의 물이 천천히 나이를 먹으며 숙성되는 과정을 통해 우리에게 익숙한 위스키가 만들어집니다. 위스키만의 특별함을 더해주는 빠질 수 없는 과정이지요.

위스키나 브랜디를 비롯한 증류주에 특별함을 더하는 정말 중요한 요소 중 하나인 오크통에 대해서는 뒤에서 더 자세히 알아보겠습니다.

위스게 베하에서 위스키로, 오드비에서 브랜디로

투명한 증류주인 위스게 베하 위스키 원액를 오크통에서 숙성하면 지금의 위스키와 같은 모습이 됩니다. 위스키의 맛과 향에 가장 많은 영향을 끼치는

요소가 바로 이 오크통에서의 숙성입니다. 위스키를 대표하는 풍미의 대부분은 오크통 숙성 과정에서 생겨난다고 할 수 있습니다.

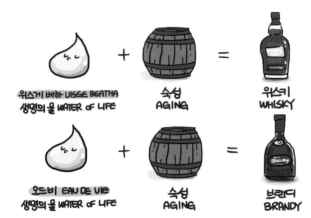

또 다른 예를 살펴볼까요? 위스키와 같은 방식으로 포도를 증류해서 만드는 생명의 물 오드비. 오드비 또한 위스키처럼 오크통에서 숙성된 후 브랜디가 됩니다. 오크통 숙성은 브랜디를 만들 때도 아주 중요한 요소 중 하나입니다.

위스키는 보리로만 만들 수 있을까?

위스키는 싹 튼 보리인 맥아로만 만들 수 있을까요?
그렇지 않습니다. 위스키는 보리 외의 다른 곡물로
도 만들고 있습니다. 보리 외에 사용하는 곡물로는
옥수수, 밀, 호밀 등이 있으며, 드물지만 쌀, 귀리, 수
수 등의 곡물로도 위스키를 만들 수 있습니다.

보통 맥아로 만드는 위스키를 '몰트위스키'라고 하
며, 그 외의 곡물로 만드는 위스키를 '그레인위스
키'라고 합니다. 몰트와 그레인으로 구분하여 표기
하는 방식은 스코틀랜드에서 유래했는데, 다른 나
라에서도 비슷한 방식으로 분류하여 표기하고 있
습니다. 위스키는 미국 방식으로도 생산하고 있지만 주로 스코
틀랜드 방식을 기준으로 합니다.

다만 위스키의 기준과 표기법은 각 나라의 법에 따
라 구분합니다. 예를 들어 미국을 대표하는 위스키
는 옥수수를 주원료로 사용하는 '버번위스키'인데,
이는 생산 지역과 생산 방식에 따른 표기입니다.
인도에서는 사탕수수를 사용해서 위스키를 만들

기도 하는데, 이는 다른 나라에서는 '럼'으로 분류
되겠죠.

나라별 위스키의 표기나 특성은 이후에 여러 나라의 위
스키를 알아볼 때 좀 더 자세히 살펴보겠습니다.

곡물을 발효·증류·숙성한 술을 '위스키'라 하면,
과일을 발효·증류·숙성한 술은 '브랜디'라 부릅니
다. 주로 포도를 가지고 만들지만 보리 외의 다른
곡물로 만들어도 위스키라 부르듯, 포도가 아닌 다
른 과일을 발효·증류·숙성해서 만드는 술도 브랜
디라 부릅니다. 브랜디는 위스키와 가장 비슷한 종
류의 술이라고 할 수 있겠네요.

위스키 제조과정
PROCESS OF MAKING WHISKIES (MALT)

맥아제조 MALTING

제분 MILLING

담금 MASHING

발효 FERMENTATION

WHISKY 위스키

병입 BOTTLING

숙성 MATURATION

증류 DISTILLATION

위스키 제조 과정

위스키가 태어나기 위해서는 '곡물 준비'라고도 하는 맥아 제조를 거친 후 담금→당화→발효→증류→숙성 →병입의 과정을 거치게 되지요. 이 과정에는 최소 몇 년부터 한 세기에 가까운 시간이 걸리기도 합니다. 그럼 지금부터 맥아를 주원료로 하는 몰트위스키가 만들어지는 과정에 대해 알아보겠습니다.

몰트위스키 외에 옥수수, 호밀 등 다른 곡물을 사용한 위스키에 대해서는 나라별 위스키를 살펴볼 때 자세히 알아보겠습니다.

담금 STEEPING
보리를 물에 담금
(2~3일)

→

발아 GERMINATION
4~8시간마다 보리를 뒤집으며 싹을 틔움
(3~7일)

맥아 제조

발아되어 싹을 틔운 상태의 보리를 '맥아'라고 합니다. 보리는 전분으로 이루어져 있는데, 보리가 발아되는 과정에서 효소 아밀라아제가 생성되면서 당화 과정이 진행됩니다. 보리의 전분이 당으로 변하는 것이지요.

위스키에서 가장 기본이 되는 맥아 제조는 담금, 발아, 맥아 건조의 과정으로 나눠 진행됩니다. 또한 보리의 발아를 위해서는 수분, 온도, 공기, 햇빛의 네 박자가 잘 맞아야 합니다.

- 담금 보리가 싹을 틔울 수 있도록 보리를 물에 2~3일 정도 담가 수분을 흡수하게 합니다.
- 발아 보리를 그늘진 곳에 펼치고 4~8시간마다 뒤 집어주면 싹을 틔웁니다.

이런 매우 힘든 작업을 하는 사람들을 '몰트맨'이라 부릅니다. 그들은 고된 노동으로 원숭이처럼 굽은 등을 가지고 있다고 해 '몽키숄더'라고 불렸으며, 이들을 기리기 위한 몽키숄더라는 이름의 위스키도 있습니다.

- 맥아 건조 발아한 맥아를 건조하는 과정입니다. 보리를 적셔 수분을 더하고 적합한 온도에서 발아 시킨 뒤에는 건조해서 발아를 멈춰야 합니다. 적당하게 발아한 보리를 가마가 있는 선물(증류소에서 보이는 멋들어진 지붕을 가진 곳)로 옮기고, 이탄과 석탄 등을 이용해 온도를 높여서 발아를 멈춘 다음 위스키 제조에 적합한 상태의 맥아로 만들어줍니다.

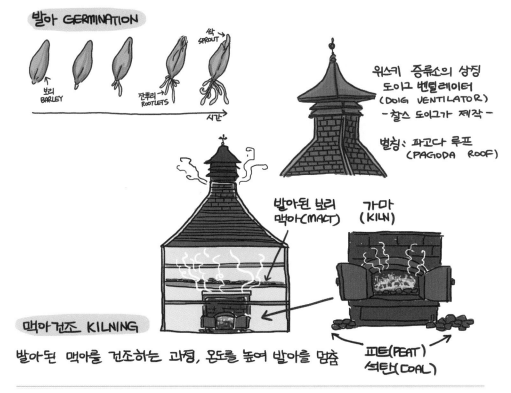

발아 GERMINATION
싹 SPROUT
보리 BARLEY
잔뿌리 ROOTLETS
시간

위스키 증류소의 상징
도이그 벤틸레이터
(DOIG VENTILATOR)
- 찰스 도이그가 제작 -

별칭: 파고다 루프
(PAGODA ROOF)

발아된 보리
맥아(MALT)

가마
(KILN)

맥아건조 KILNING
발아된 맥아를 건조하는 과정, 온도를 높여 발아를 멈춤

피트(PEAT)
석탄(COAL)

증류소를 상징하는 멋진 지붕은 19세기 말, 증류소 제작자인 찰스 도이그가 만들었습니다. '도이그 벤틸레이터'라는 이름을 가진 이 지붕은 환풍구 역할을 합니다. 스코틀랜드의 많은 증류소가 이 지붕 아래에서 맥아를 제조했지요. 동양의 탑을 모티브로 만들었으며, 흔히 '파고다 루프'라고도 부릅니다.
전통적으로 증류소들은 파고다 루프가 있는 건조장에서 맥아를 건조해왔습니다. 지금은 대부분의 증류소에서 직접 맥아를 제조하지 않으며, 자동화된 설비를 사용하는 대형 맥아 제조 회사에서 맥아를 제조하고 있습니다.
파고다 루프는 증류소의 상징이 되어, 새로 문을 여는 증류소들도 (사용하지 않음에도) 만들게 되었습니다.

현재 대부분의 위스키 증류소에서는 전문성과 효율을 위해 자동화된 설비를 사용하는 대형 맥아 제조 회사에서 맥아를 받아 제조하고 있습니다. 물론 전통 과정을 사용하는 증류소도 소수 있습니다.

• 이탄 이탄peat은 나무나 풀 등의 식물질이 부식되지 않고 퇴적되어 형성된 석탄에 비해 탄화가 덜 된 퇴적물입니다. 스코틀랜드 등지의 늪지대에 많이 생성되어 있으며 과거부터 맥아를 건조하거나 요리할 때 연료로 사용했습니다. 이탄을 태워 맥아

를 건조하면 연기가 스며들어 약품, 소독약 같은 독특한 향을 풍기게 됩니다. 아드벡, 라가불린, 보모어 등의 스코틀랜드 아일레이섬의 위스키들이 이탄의 향을 가지고 있는 위스키입니다. 위스키 여정을 함께하다 보면 언젠가는 만날 녀석들이지요.

이탄의 향은 이탄에 첨가된 페놀성 성분의 함유량을 수치로 나타내며, ppmparts per million으로 표기합니다.

제분

원하는 용도에 맞추고 효과적으로 발효될 수 있도록 맥아를 적절한 크기로 빻는분쇄하는 과정입니다. 분쇄된 상태의 맥아곡물를 그리스트Grist라 합니다.

일반적으로 맥아는 롤밀을 옥수수, 밀, 호밀은 좀더 잘게 분쇄되는 해머밀을 주로 사용합니다.

담금과 당화

잘게 갈아져 분해된 맥아를 뜨거운 물에 담가 당화
를 진행하는 과정입니다.

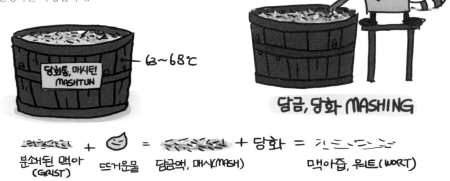

마시맨
MASHMAN

63~68℃

당화통, 매시턴
MASHTUN

담금, 당화 MASHING

분쇄된 맥아 + 뜨거운물 = 담금액, 매시(MASH) + 당화 = 맥아즙, 워트(WORT)
(GRIST)

분쇄된 맥아를 당화통 또는 매시턴에 넣은 후
63~68℃의 뜨거운 물을 부어줍니다. 보통 물과 분
쇄된 맥아는 4.3:1 정도의 비율이며, 이를 담금액
혹은 매시mash라 부릅니다.

뜨거운 물에 담금액이 섞이기 쉽게 잘 저어주면 효
소 작용을 도와 전분이 당으로 변한 상태의 맥아즙
을 얻게 됩니다.

매싱을 담당하는 사람을 '매시맨'이라 부릅니다.

발효

당화 과정 후에는 맥아즙인 워트wort를 걸러 발효
통으로 옮긴 뒤 발효를 시작합니다.

맥아즙을 23℃로 냉각하고 효모를 넣어 2~3일 정
도 발효합니다. 발효가 끝나면 워시wash라 부르는
발효액이 만들어지는데, 이는 7~8% 정도의 알코
올을 지닌 일종의 맥주입니다.

발효 FERMENTATION

발효통, 워시백
WASH BACK

23℃로 냉각
발효후 35℃이상,
알코올 7~8%

2~3일

맥아즙, 워트(WORT) + 발효(효모첨가) = 발효액, 워시(WASH)

증류

다음으로는 발효가 끝난 발효액인 워시를 증류할 차례입니다.

증류 DISTILLATION

증류기는 단식 증류기로 증류하는 단식 증류 방식과 연속식 증류기로 증류하는 연속 증류 방식이 있습니다. 전통 방식인 단식 증류기는 높은 도수의 술을 얻기 위해 여러 번 증류해야 하는데, 대신 증류로 얻을 수 있는 고유의 풍미를 간직하고 있습니다. 반면 연속식 증류기는 한 번의 연속적인 증류로도 깔끔하고 높은 도수의 알코올을 얻을 수 있습니다.

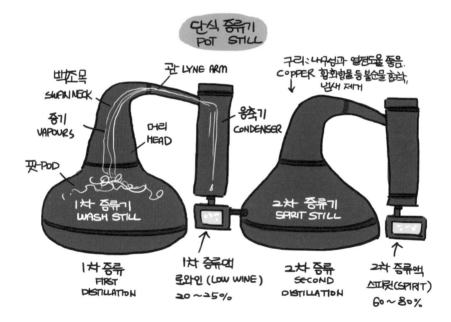

■ 단식 증류기(Pot Still)

스코틀랜드산 위스키인 스카치위스키에서 몰트위스키는 단식 증류기를 사용하며, 일반적으로 두 차례 증류합니다. 스카치위스키는 보통 두 개의 증류기를 연결하여 사용합니다. 단식 증류기는 오래전부터 사용하던 전통 방식의 증류기로 구리를 이용해 제작합니다. 구리는 내구성과 열전도가 좋으며, 황 화합물 등의 불순물 및 냄새 제거에도 좋아 지금까지 계속 사용하고 있지요.

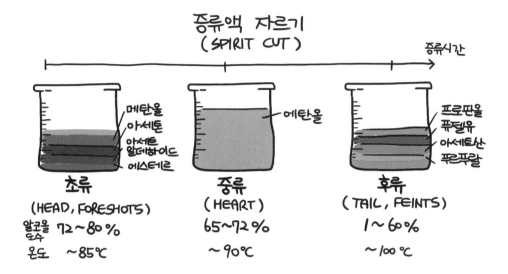

■ 증류액 자르기

1차 증류에서 나온 증류액을 로 와인low wine이라고 하며, 20~25% 정도의 낮은 도수를 가집니다. 이를 다시 증류해서 60~80% 정도의 스피릿Spirit이라는 증류액을 얻게 됩니다.

증류기가 1차와 2차로 나눠진 경우, 1차 증류기를 '워시 스틸', 2차 증류기를 '스피릿 스틸'이라 부릅니다. 이렇게 해서 두 차례 증류된 증류액을 크게 초류, 증류, 후류로 분리하는 '컷'이라는 과정이 필요합니다. 증류된 증류액에는 에탄올 외에도 인체에 치명적이거나 풍미에 영향을 주는 성분들이 포함되어 있는데, 컷은 이 성분들을 잘라내거나 적당히 끊어내는 과정입니다.

• 초류(Head / Foreshots) 2차 증류를 시작한 후 초반에 나오는 높은 도수의 증류액을 초류라 하며, 이

증류액에는 메탄올, 아세톤, 아세트알데하이드, 에스테르 등 인체에 치명적인 성분이 있어 걸러내는 과정이 필요합니다. 증류소에 따라 다르지만 로 와인을 증류할 때 다시 증류하는 경우가 많습니다.

• 증류(Heart) 2차 증류 중반에는 에탄올 외의 다른 성분이 없는 65~72% 사이의 증류액인 증류를 얻을 수 있습니다.

• 후류(Tail / Feints) 2차 증류 후반에 나오는 증류액인 후류는 물과 프로판올, 퓨젤유, 아세트산, 푸르푸랄 등 향에 좋지 않은 영향을 주는 성분을 포함하고 있어, 초류처럼 잘라내어 로 와인을 증류할 때 같이 증류하는 경우가 많습니다.

컷은 전문가의 영역이며 증류의 기술 중 하나입니다. 초류에서 인체에 치명적인 성분을 잘라낸다면, 후류에서는 개성, 풍미, 숙성 연수 등을 고려해서 잘라냅니다. 컷은 주로 알코올 도수를 기준으로 잘라내며 범위는 증류소마다 원하는 목적에 따라 차이가 있습니다.

이러한 일련의 증류 작업은 스피릿 세이프Spirit Safe라는 멋지게 생긴 장치를 통해 이루어집니다. 스피릿 세이프는 증류한 모든 스피릿을 통과하면서 비중계로 도수를 측정하고, 순도를 체크하고, 스피릿을 잘라내며, 생산되는 양을 측정하게 하는 아주 중요한 장치입니다. 스피릿에 관한 모든 과정은 '스틸맨'이라고 부르는 숙련된 전문가가 담당하고 있습니다.

1983년까지 스피릿 세이프는 스피릿에 관한 일련의 과정 외에도 아주 중요한 역할을 했습니다. 바로 위스키의 양을 정확하게 측정하여 과세하기 위해 사용되었습니다. 탈세를 방지하기 위해 세금 징수원들은 증류소에 상주하거나 주시했고, 스피릿 세이프의 열쇠는 세금 징수원들만 가지고 있었다고 합니다.

스피릿 세이프 SPIRIT SAFE

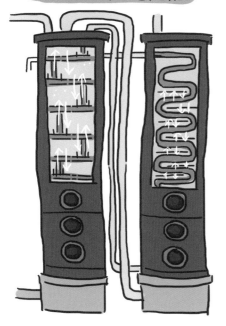

연속식 증류기
COLUMN STILL, COFFEY STILL

■ **연속식 증류기**(Column Still/Coffey Still)

아니스 코페이가 발명개량한 연속식 증류기는 1830년에 특허를 받았습니다. 이 증류기로는 한 번의 증류로 연속적 증류의 결과를 얻을 수 있어서, 다른 성분을 포함하지 않는 높은 도수의 순수한 에틸알코올을 얻을 수 있으며 주로 곡물을 증류하는 데 사용합니다. 연속식 증류기로 증류한 그레인위스키를 몰트위스키와 섞어 만드는 블렌디드 위스키 덕에 스코틀랜드의 위스키가 아일랜드 위스키를 제치게 되었으니, 스카치위스키를 정상에 오르게 한 일등 공신 중 하나라 할 수 있겠네요.

재밌게도 아니스 코페이는 스코틀랜드 출신이 아닌 아일랜드 출신입니다.

숙성

증류기에서 전문가의 손길을 따라 탄생한 투명한 색의 증류 원액인 스피릿은 이제 오크통에서 긴 세월을 보내야 합니다. 이 숙성maturation, aging 과정에서 가장 먼저 해야 할 과정은 증류한 스피릿을 오크통에 채우는 일입니다.

■ 스피릿(Spirit)

증류주인 스피릿은 위스키에서는 숙성하기 전의 증류 원액을 뜻합니다. 위스키를 만들기 위해서 증류되는 위스키 증류 원액은 단식 증류기에서는 70% 내외의 도수를, 그리고 연속식 증류기에서는 더 높은 알코올 도수를 가지게 됩니다.

스코틀랜드에서는 스피릿을 오크통에 넣기 전, 대부분 물을 섞어 도수를 다소 낮춘 63.5%로 맞춥니다. 이 방식은 법적으로 강제하지는 않지만, 일종의 표준처럼 사용되고 있습니다. 만약 더 높은 도수로 증류할 경우 오크통을 적게 사용할 수 있다는 장점이 있습니다.

실제로 미국에서는 법적으로 62.5% 이하로 채워야 하는데, 그 이유 중 하나가 오크통 산업을 위해 오크통 사용량을 늘리기 위해서입니다. 물론 숙성 중

온도 등의 차이로 물이 먼저 증발하면서 도수가 높아지므로 일반적으로 다소 낮은 알코올 도수로 채우는 이유도 있습니다.

스카치위스키의 오크통을 채울 때 63.5%로 맞추는 것이 일종의 표준이 된 이유는 조세의 편리성과 교환을 위해 과거부터 그래왔고, 또 오랜 경험을 통해 스피릿 안의 화합물이 숙성하기에 가장 효율적인 도수임을 알았기 때문이기도 합니다.

개성 있는 위스키가 늘어나는 지금은 다양한 도수로 오크통을 채우고 있으며 물을 섞지 않고 숙성하는 방식도 있습니다.

스코틀랜드
표준
63.5%ABV

스피릿
SPIRIT ＋ 물
= 55% ~ 70%ABV

오크통채우기 CASK FILLING

시간을 입어 위스키가 되는 마법 같은 공간

증류된 증류 원액, 즉 스피릿은 이제 오크통에서 숙성의 시간을 보내게 됩니다. 위스키의 풍미를 결정하는 가장 큰 요소로 절대 빠질 수 없고, 빠져서도 안 되는 마법과도 같은 시간이지요.

위스키를 오크통에서 숙성하는 게 보편화되었던 건 18세기 정도입니다. 반면, 와인을 보관하고 운반하는 데 오크통을 사용했던 역사는 수천 년이나 됩니다. 세금을 내지 않기 위해 숨기는 과정이나 보관·유통 등에 오크통을 유용하게 사용해왔는데, 오크통에서의 숙성이 위스키에도 독특하고 좋은 풍미를 준다는 사실을 자연스럽게 알게 되면서 널리 사용하게 되었죠. 지금은 위스키 제조에서 가장 중요한 필수 요소가 되었습니다.

숙성통은 '오크'로 불리는 참나무를 주로 사용하며, 크게 미국과 유럽에 분포된 세 종류의 참나무를 사용합니다. 그리고 일부 재패니즈 위스키는 독자적인 일본의 참나무를 사용합니다.

로부르참나무 QUERCUS ROBUR
유러피안 오크 EUROPEAN OAK

초콜릿 CHOCOLATE　과일 FRUITY　건과일 DRIED FRUITS

오크통의 재료, 참나무

위스키를 숙성하는 오크통에 사용하는 나무는 참나무입니다. 참나무에는 수많은 종이 있지만 위스키 숙성 오크통에 사용하는 건 20종 정도의 화이트 오크 계열이며, 가장 많이 사용하는 대표 품종에는 4가지가 있습니다.

■ 로부르 참나무(Quercus Robur)

펜던큘레이트 오크 Pedunculate Oak, 유러피안 오크 European Oak, 일반 오크 Common Oak 라고도 불리며, 강한 오크 Strong Oak 라는 뜻의 학명을 가진 로

부르 참나무는 영국, 스페인 북서부와 포르투갈에서부터 남스칸디나비아와 주서부 러시아에 분포한 참나무 품종입니다. 보통 사용하기까지 자라는 데 100년에서 150년 정도 걸리지요. 와인, 코냑, 셰리와 강화 와인에 사용되는 일반적인 오크로 유럽의 오크를 모두 유러피안 오크라고 부르기도 하지만, 일반적으로 이 로부르 종을 '유러피안 오크'라고 부릅니다. 과거 영국에서 흔히 볼 수 있었고 많이 사용되어 잉글리시 오크English Oak로도 불립니다. 셰리 와인의 숙성에 사용되는 스페인 오크갈리시아 지역와 프렌치 오크리무쟁 지역의 오크통이 주로 이 로부르 참나무 종으로 만들어집니다.

참나무 분포도 OAK DISTRIBUTION MAP

로부르참나무 QUERCUS ROBUR (유러피안 오크 EUROPEAN OAK)

패트라참나무 QUERCUS PETRAEA (세실 오크 SESSILE OAK)

알바참나무 QUERCUS ALBA (아메리칸 화이트 오크 AMERICAN WHITE OAK)

물참나무 QUERCUS CRISPULA (미즈나라오크 MIZUNARA OAK)

페트라참나무 QUERCUS PETRAEA
세실 오크 SESSILE OAK

계피 CINNAMON 　향료 SPICY 　과일 FRUITY

화이트오크
WHITE OAK

바닐라 VANILLA 카라멜 CARAMEL 견과류 NUTTY

미국의 알바 참나무(화이트 오크)로 만든 숙성통은 유럽 오크통에 비해 바닐린이 풍부한 특징이 있습니다.

■ 페트라 참나무(Quercus Petraea)

바위의 오크Rock Oak라는 뜻의 학명을 가진 페트라 참나무는 중부 동유럽과 영국, 프랑스, 독일, 폴란드 북부, 그리고 아드리아 해안과 남부 흑해 인근의 나라들에 분포하고 있는 품종으로 세실 오크Sessile oak라 불리기도 합니다. 동유럽인 헝가리, 루마니아, 우크라이나 인근에 특히 많이 분포하고 있지요. 로부르 참나무에 비해 타닌 성분이 더해져 알싸하다는 특성이 있습니다. 유럽에서 생산되는 오크는 로부르 참나무와 페트라 참나무 두 품종으로 나눠 구분하기도 하지만, 지역별로 다른 특성이 있어 지역 또는 나라로 나누기도 합니다.

와인과 코냑의 나라 프랑스에는 공식적으로 참나무가 생산되는 다섯 지역의 숲이 있습니다. 리무쟁Limousin, 느베르Nevers, 보주Vosges, 알리에Allier, 트롱세Troncais 지역으로 이렇게 다섯 지역의 숲에는 로부르 종과 페트라 종이 모두 자라고 있으며, 리무쟁에는 로부르 종이, 트롱세에는 페트라 종이 더 많이 분포되어 있습니다. 현재 유럽에서는 동유럽과 러시아 인근헝가리 등지의 참나무들이 숙성통으로 제작되면서 수량이 적은 프랑스 및 스페인 오크통을 대체하고 있습니다.

위스키병에 프랑스산 참나무(프렌치 오크)임을 표기하기 위해서는 100% 프랑스산 참나무여야 하며, 다섯 지역의 숲 이름을 표기하기 위해서는 그 지역의 오크를 70% 이상 사용해야 합니다.

■ 알바 참나무(Quercus Alba)

알바 참나무는 아메리칸 화이트 오크American White Oak 라고도 불리는 일반적인 미국의 참나무입니다. 미국 동부 지역에 분포되어 있고, 자라는 기간이 70년에서 100년 내외로 유럽의 참나무에 비해 빠르게 자라기 때문에 더욱 적합합니다. 또한 아메리칸 위스키에는 대부분 새 오크통을 사용해야 해서 더욱 빠르게 소비되어 위스키 산업을 지탱하고 있습니다. 지금 숙성되고 있는 90~95%의 오크통은 미국 참나무로 만든 것입니다. 일부지만 서부 오레곤에는 가리아나 참나무Quercus Garryana Oak, 오레곤 화이트 오크와 캘리포니아의 로보타 참나무Quercus Lobata로도 오크통을 생산하고 있습니다.

■ 물참나무(Quercus Crispula)

전통적으로 위스키 숙성에 사용했던 오크통은 지금까지 살펴본 세 종류의 오크통이었습니다. 주로 한국, 중국, 러시아시베리아 그리고 일본 등지의 아

미즈나라 오크
MIZUNARA OAK

코코넛COCONUT 향료SPICY 백단SANDALWOOD

시아에서 자라는 참나무인 신갈나무Quercus Mongolica는 곧게 자라지 않고 옹이구멍이 많아 다른 참나무에 비해 사용 면적이 작으며, 300년은 자라야 사용이 가능해서 위스키 숙성에 적합한 나무로 여겨지진 않았습니다.

일본에서는 제2차 세계 대전부터 공급 문제 등 여러 가지 이유로 자국에서 생산하는 참나무를 이용한 오크통을 제작하기 시작했고, 일명 미즈나라 오크Mizunara Oak라는 신갈나무의 변종 중 하나인 물참나무로 오크통을 만들기 시작했습니다. 물참나무는 자라는 기간이 200년 정도로 신갈나무보다는 다소 빨리 자라지만, 애초에 생산할 수 있는 나무 수량이 아주 적은 편입니다. 게다가 수분을 많이 포함하며 신갈나무와 같은 이유로 사용 면적이 작아 과거 일본의 오크통은 위스키를 숙성하는 데 여러모로 적합하지 않다고 여겨졌습니다.

하지만 재패니즈 위스키의 성장과 함께 일본의 오크통이 널리 알려지기 시작하면서 현재는 다른 오크통보다 상당한 고가에 거래되고 있습니다. 따라서 일반적으로 사용되지는 않고, 적은 용량이나 적은 기간 숙성시키는 피니시 숙성에 주로 사용됩니다.

쿠퍼
COOPER

오크통 생산 과정

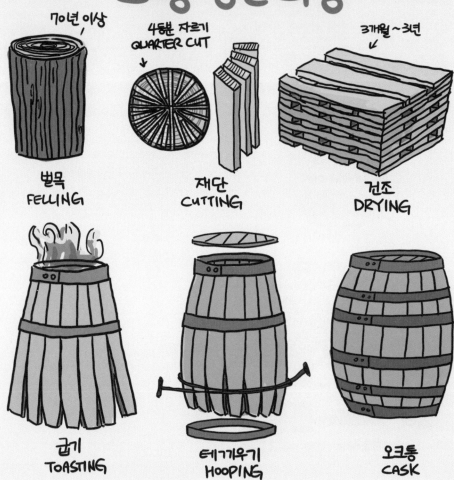

70년 이상

벌목
FELLING

4등분 자르기
QUARTER CUT

재단
CUTTING

3개월~3년

건조
DRYING

굽기
TOASTING

테 끼우기
HOOPING

오크통
CASK

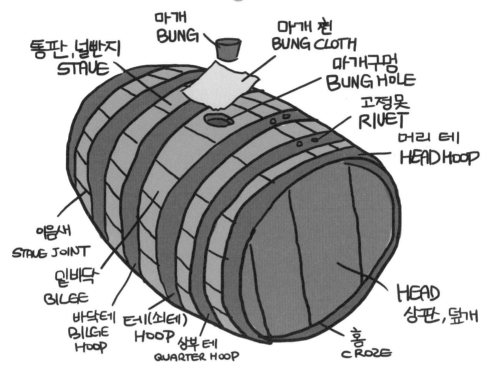

오크통 구조

마개
BUNG

마개 천
BUNG CLOTH

통판, 널빤지
STAVE

마개구멍
BUNG HOLE

고정못
RIVET

머리 테
HEAD HOOP

이음새
STAVE JOINT

밑비닥
BILGE

바닥테
BILGE HOOP

테(쇠테)
HOOP

상부 테
QUARTER HOOP

홈
CROZE

HEAD
상판, 덮개

오크통의 생산 과정과 구조

참나무를 벌목하기 위해서는 최소 70년에서 150년까지 자라야 하며, 참나무 한 그루로 보통 200L가량의 오크통 2~3개를 만들 수 있습니다. 오크통은 주로 3~4회 재사용하며 70년 정도 사용합니다.

오크통 만드는 작업을 하는 사람들은 '쿠퍼(Copper)', 오크통 만드는 공장과 회사는 '쿠퍼리지(Cooperage)'리고 합니다.

토스팅과 차링

참나무를 재단해 오크통을 만든 후에는 내부를 불로 그을리는 필수 과정을 거치게 됩니다. 오크통 내부의 불순물을 제거하고 참나무의 지나친 개성을 잡으며 풍미가 좋은 성분을 생성하는 데 도움을 주지요. 이 과정의 유래로는 벼락이 떨어져 불에 탄 오크통에 위스키를 숙성했더니 풍미가 좋아 태우기 시작했다는 등의 그럴싸한 이야기가 있습니다. 하지만 오랜 기간 통을 사용하면서 오크통을 만들기 쉽게 태우거나, 사용했던 오크통을 다시 사용하기 위해 태우는 과정 중에 불로 오크통을 그을렸을

때 위스키에 더 좋은 풍미를 줄 수 있다는 점을 자연스럽게 발견했을 것으로 추측하고 있습니다.

10~50분 동안 약하게 가열하는 과정을 굽기, 즉 토스팅 toasting 이라 하고 15~60초 정도 강하게 화염으로 태우는 과정을 탄화, 즉 차링 charring 이라고 합니다. 토스팅과 차링은 풍미에 상당한 차이가 있으며 보통 토스팅은 와인이나 셰리 오크통에 사용하고, 버번에 사용하는 오크통은 토스팅 후 차링해서 사용합니다.

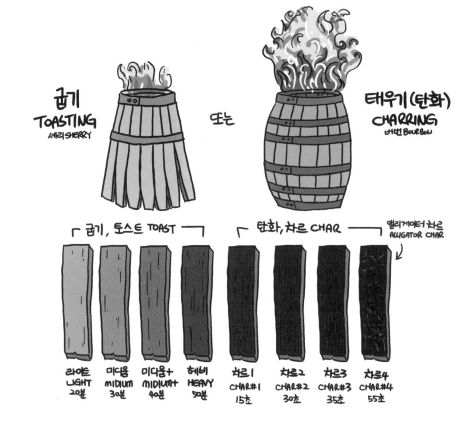

토스팅과 차링의 과정을 통해 나무를 그을리면 일종의 탄소 필터 역할을 하면서 황 화합물을 제거하므로 위스키를 부드럽게 하고 새로운 풍미가 더해집니다. 굽거나 태운 가 단계에 따라 풍미는 강해집니다.

토스팅이 된 오크통은 오랜 시간 부드럽게 가열되어 진한 갈색을 띠게 됩니다. 차링이 된 오크통에 비해 밝은색을 띠며 부드럽고 바닐라 풍미를 갖습니다. 차링이 된 오크통은 강하게 나무를 태워 숯처럼 검은색을 띠게 되며, 내부가 캐러멜화되어 캐러멜, 꿀 같은 달콤한 풍미를 생성합니다. 타서 갈라진 모양이 악어의 피부와 같다고 해서 앨리게이터 차르Alligator Char 라 부릅니다. 차링은 태운 정도에 따라 여러 단계로 구분하는데 3~4번 단계를 가장 많이 사용합니다.

참나무에서 생성되는 5가지 성분

위스키 숙성 중, 참나무에서는 풍미를 유발하는 많은 성분이 생성됩니다. 그중 5가지 주요 성분은 다음과 같습니다.

• 셀룰로스(Cellulose) 세포막의 주성분으로 참나무를 단단하게 형성하는 셀룰로스는 리그닌과 묶여 있다가 굽거나 태울 때 분해되며 바닐린과 여러 화합물을 만들어냅니다.
• 헤미셀룰로스(Hemicellulose) 당을 가지고 있어서 굽거나 태울 때 캐러멜화되어 색이 입혀지며 견과류, 버터, 캐러멜 등과 같은 달콤한 풍미를 생성합니다.

• 리그닌(Lignin) 나무나 곡물 껍질의 세포벽 일부를 형성하는 리그닌은 알데하이드 화합물로 바닐린이 생성되어 바닐라의 풍미와 알싸한 풍미를 만들어냅니다.
• 타닌(Tannin) 산화 물질을 촉진시켜 떫고 쓴 풍미를 생성하고 숙성감을 더합니다. 타닌은 아메리칸 오크보다 프렌치 오크에 풍부합니다.
• 락톤(Lactone) 위스키 락톤으로 불리는 휘발성 화합물로 꽃과 과일의 풍미와 달콤한 코코넛의 풍미를 생성합니다.

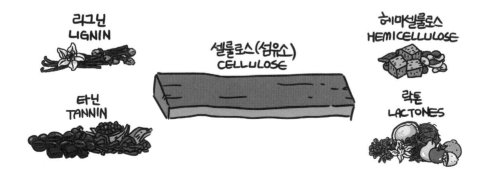

리그닌 LIGNIN
셀룰로스(섬유소) CELLULOSE
헤미셀룰로스 HEMICELLULOSE
타닌 TANNIN
락톤 LACTONES

오크통의 종류와 재사용

미국의 버번위스키에는 법적으로 새 오크통을 사용해야 하지만, 그 외 대부분의 나라에서는 법적 유무와 상관없이 다른 술을 숙성할 때 사용했던 오크통을 재사용해서 위스키를 숙성하고 있습니다. 물론 새 오크통에 위스키를 숙성하는 경우도 있습니다. 스카치위스키 중에도 사용하지 않은 오크통으로 짧은 시간 숙성하는 위스키가 있지요. 그런 예외적인 경우를 제외하면 대부분은 사용했던 오크통을 재사용해 위스키를 숙성합니다.

위스키에 사용하는 오크통은 주로 와인을 숙성한 여러 종류의 와인통을 재사용한 것이거나 코냑, 아르마냑, 주정강화, 럼, 버번, 라이 등 아메리칸 위스키를 비롯해 심지어 테킬라를 숙성했던 오크통을 사용하기도 합니다.

오크통 중에 반드시 알아야 할 것으로 주정강화 와인 중 하나인 셰리 와인을 숙성했던 셰리 와인 오크통이 있습니다. 셰리 와인 오크통에 관해서는 스카치위스키를 다룰 때 자세히 살펴보겠습니다.

와인(포도주)WINE

샹파뉴
CHAMPAGNE, BORDEAUX, BURGUNDY
소테른   샤르도네
SAUTERNES, CHARDONNAY , , , ,

코냑COGNAC

아르마냑 ARMAGNAC

주정강화와인
FORTIFIED WINE

셰리   포트   마데이라   마르살라   말라가
SHERRY   PORT(o)   MADEIRA   MARSALA   MALAGA

아메리칸 위스키
AMERICAN WHISKEY

버번   라이
BOURBON   RYE

럼RUM

테킬라TEQUILA

오크통의 사용 횟수

사용했던 오크통에서 새 위스키를 숙성하는 이유는 오크통의 성격이 너무 두드러지지 않게 하여 풍미를 섬세하게 조절하기 위함입니다. 보통 버번위스키가 스카치위스키에 비해 짧은 기간 숙성하는데도 불구하고 버번 특유의 강한 특징을 보이는 이유는 미국의 높은 기온과 더불어 오크통 내부를 태운 점도 있지만, 사용하지 않은 새 오크통의 특징이 두드러지게 나타나기 때문이기도 합니다.

이렇게 사용하지 않은 새 오크통을 '버진 오크통'이라 하며, 여러 술의 숙성에 사용했던 오크통을 위스키 숙성에 처음으로 사용하는 경우를 퍼스트 필first fill이라고 합니다. '퍼스트필'이지만 실제로는 다른 술의 숙성에 사용했기 때문에 두 번째 사용하는 것이며, 다음 숙성 대상인 위스키에는 처음

사용했다는 의미입니다.

퍼스트필 외에도 위스키에 오크통을 두 번째 실제로는 세 번째 사용하는 것을 세컨드필second fill, 다음은 서드필third fill 등으로 부릅니다. 보수를 하면서 서너 번까지 재사용하는 것이 일반적이지요. 오크통의 가격이 위스키 원가에서 상당한 부분을 차지하는 데다 점점 비싸지고 있는 만큼 될 수 있는 한 오래, 많이 사용하는 경우가 늘고 있습니다.

법적인 규제가 없어서 숙성 연수를 표기하지 않듯이, 몇 번째 사용인지에 대한 정보를 알리지 않고 '리필'이라고만 두루뭉술하게 표기하는 경우도 있습니다. 그러니 만약 정확히 표시된다면 퍼스트필이나 세컨드필인 경우가 많겠죠.

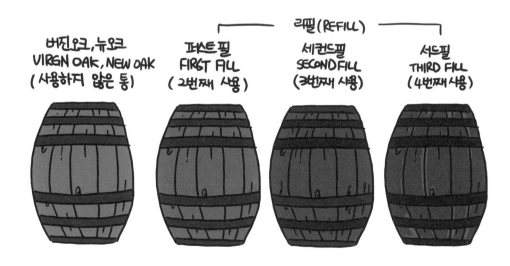

오크통의 크기

위스키를 숙성하는 오크통의 크기는 다양합니다. 오크통 크기에 따라 숙성 정도와 풍미가 달라지는데, 일반적으로 작고 새것일수록 오크통의 풍미가 진하고 더 빠르게 위스키가 숙성됩니다.

국제 표준이 없다 보니 같은 이름의 통이라 해도 지역이나 쓰임새, 제조사별로 그 크기가 조금씩 차이가 있습니다. 오크통의 크기용량에 따른 종류를 알아보겠습니다.

• 아메리칸 스탠더드 배럴 & 버번 배럴(American Standard Barrel & Bourbon Barrel / 200L) 일반적으로 스코틀랜드와 여러 위스키를 생산하는 나라와 업체들은 오크통을 '캐스크'라 부르고, 미국에서는 오크통을 '배럴'이라 부르고 있습니다.

캐스크나 배럴은 말 그대로 쓰임새에 따라 재료를 담았던 통을 말하는 것으로 맥주, 와인, 석유처럼 무엇을 담느냐에 따라 다양한 크기와 단위가 있습니다. 담는 재료에 따라 크기와 단위가 천차만별이죠. 그중에서 아메리칸 위스키에 사용되는 가장 보편적인 배럴을 아메리칸 스탠더드 배럴, 버번 배럴이라 하며, 용량은 보통 200L53 미국 갤런 정도입니다. '아메리칸 스탠더드 배럴A.S.B.'이라고 표준화해서 부르지만 180~200L로 조금 차이가 있기도 합니다.

• 쿼터 캐스크(Quater Cask / 50L, 125L) 배럴Barrel의 쿼터인 50L 정도의 캐스크를 '쿼터 캐스크'로 부르며, 125L의 소형 용량의 캐스크도 버트Butt의 쿼터이기 때문에 마찬가지로 '쿼터 캐스크'라고 합니다.

쿼터
QUARTER (BARREL)
50 LITERS

쿼터
QUARTER (BUTT)
125 LITERS

°배럴
BARREL
(AMERICAN STANDARD)
A. S. B.
200 LITERS

훅스헤드
HOGSHEAD
250 LITERS
(250-300)

바리크
BARRIQUE
300LITERS
(225~300)

편천
PUNCHEON
320 LITERS
(300~500)

버트
BUTT
500LITERS
(450~500)

파이프
(PORT) PIPE
550LITERS
(500~650)

• 혹스헤드(Hogshead / 250L) 스카치위스키 캐스크에서 기준이 되는 캐스크로 와인, 사이다 등을 주로 담았습니다. 과거 버트나 파이프의 절반 정도 크기를 가지는 캐스크로 보통 250L 내외250~300L의 용량이 많습니다. 아메리칸 스탠더드 배럴을 분해하여 들여와 재조립해 사용하는데, 보통 5개로 4개 정도를 만들어서 배럴보다 조금 큰 크기의 용량이 됩니다.

• 바리크(Barrique / 300L) 와인과 코냑을 위한 캐스크인 바리크는 코냑에는 300L를, 와인용보르도으로는 225L를 사용합니다. 이 용량도 조금씩 차이가 있으며 부르고뉴는 228L를 사용합니다.

• 편천(Puncheon / 320L) 테션Tertian으로 부르기도 하는 편천은 대형 캐스크인 턴Tun의 1/3 용량을 말합니다. 테션은 '세 번째'를 뜻하는 라틴어입니다. 300~500L 정도인 편천에는 두 가지 유형이 있습니다. 주로 미국 참나무에 두꺼운 널빤지stave를 사용하는 짧고 통통한 머신 편천Machine Pun-Cheon과, 스페인 오크에 비교적 얇은 널빤지를 사용하는 길쭉한 셰리 편천Sherry Pun-Cheon입니다. 머신 편천은 주로 럼에, 셰리 편천은 셰리 와인에 사용했습니다.

• 버트(Butt / 500L) 500L 용량의 큰 사이즈를 가진 버트는 보통 셰리 와인에 사용되어 '셰리버트'라고도 불렸습니다. 셰리 와인에 사용했던 캐스크는 과거 스카치위스키를 숙성할 때 주로 사용했습니다. 스카치위스키는 700L 미만 용량의 캐스크에서 숙성해야 합니다.

• 파이프(Pipe / 550L) 포르투갈의 포트 와인에 사용했던 500~650L 크기의 오크통이며 버트와 함께 일반적으로 많이 사용되었습니다. 둘은 거의 같은 크기로 여겨지고 있습니다.

드럼
(MADEIRA) DRUM
650 LITERS
(500-650)

고르다
GORDA
700 LITERS

턴
TUN
960 LITERS

• 드럼(Drum / 650L) 마데이라 와인에 사용했던 오크통으로 '마데이라 드럼'으로도 불립니다.

• 고르다(Gorda / 700L) 사이즈가 너무 커서 지금은 거의 사용하지 않고 위스키를 혼합할 때 위주로 사용합니다.

• 턴(Tun / 960L) 대형 용량의 통으로 252 와인 갤런미국 표준 갤런의 용량입니다. 960L면 약 1,000kg으로 톤의 무게와 거의 같고 단어도 유사하죠. 톤(t)은 2,000파운드(lb)의 무게나 60제곱피트(ft²)의 부피를 말합니다. 단위를 뜻하는 톤은 이 턴에서 유래되었으며 기원은 고대 그리스어로 '참치'에서 왔다고 합니다.

오크통은 오랜 세월 이것저것을 저장하고 운반하는 데 사용되면서 명칭과 단위가 변해왔습니다. 주 내용물이 액체이므로 단위로는 주로 갤런gallon을 사용했지요. 미국과 영국의 갤런이 달라서 또 표기가 달라지고, 제작 방법과 사용처에 따라 조금씩 차이가 나기도 합니다.

많은 나라들이 미터법을 사용하기 때문에 이런 표기법들이 정리되고 표준화되고 있지만, 주류 시장에 가장 큰 영향을 미치는 미국이 아직 미터법을 사용하지 않고 있습니다. 따라서 오크통을 만드는 지역과 업체마다 명칭과 용량이 조금씩 달라서 정확하게 표준화되기는 어려워 보입니다.

ANGELS'
SHARE

엔젤스 셰어

통에서 숙성되는 술은 익어가는 동안 일정량 증발하게 됩니다. 오래전부터 이것을 천사에게 내어준 몫, 즉 엔젤스 셰어Angels' Share라 불러왔습니다. 나라와 지역에 따라 이 천사의 몫은 달라집니다. 무덥고 건조한 곳에서는 천사가 더 많은 몫을 요구하고, 서늘하고 적당히 습한 곳에서는 비교적 적은 몫을 요구하지요.

위스키의 성지 스코틀랜드에서는 이렇게 증발하는 양이 해마다 2% 정도이며, 더운 나라 인도는 무려 10% 정도입니다. 천사가 자기 몫을 떼어가는 동안, 즉 숙성 기간이 길어지면서 위스키는 진한 색과 부드러움을 더하게 됩니다. 오랜 기간 숙성되면 천사의 몫만큼 위스키의 가격은 올라가겠지만, 그것이 꼭 위스키 맛의 가치를 나타내는 것은 아닙니다. 위스키의 맛을 느낄 때 가장 중요한 것은 각자의 취향일 테니까요.

오크통의 증발 작용

위스키 원액알코올 또는 에탄올은 공기 중에 산화되며 향을 내는 에스터를 생성합니다. 나무는 알코올에탄올을 흡착하고 알코올은 나무 성분을 빨아들이는 상호작용 속에, 물과 에탄올이 나무 틈으로 증발하면서 천사의 몫을 남기고 있습니다.

일반적으로 습도가 높고 온도가 낮은 곳에서는 알코올이 먼저 증발하고, 반대로 습도가 낮고 온도가 높은 곳에서는 물이 먼저 증발합니다. 이는 숙성 후 도수에 영향을 미치게 됩니다. 알코올이 먼저 증발하면 알코올 도수가 낮아지고, 물이 먼저 증발하면 알코올 도수가 높아지게 되죠.

물, 에탄올 증발

산화
OXIDATION

에스터
형성
ESTERIFICATION

흡착
ADSORPTION

나무성분 추출
EXTRACTION

오크통의 보관

오크통은 전통적으로 눕혀서 보관해왔습니다. 무게로 인해 굴려서 이동해야 해서 눕혀 사용할 수밖에 없었죠. 주로 나무로 된 받침대인 선반rack, 랙을 대고 2~3단으로 쌓아서 보관했습니다.

근래에는 오크통을 세워서 보관하는 경우가 많아졌습니다. 팰릿pallet, 팔레트에 세우고 지게차 등의 도구를 이용해서 적은 인원으로도 쉽게 움직일 수 있게 되었기 때문입니다.

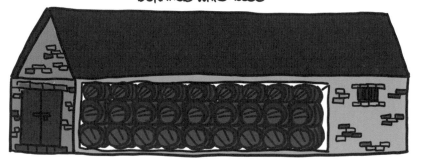

■ 더니지 저장창고(Dunnage Warehouse)

스코틀랜드와 아일랜드 등에서 전통적으로 사용했던 방식의 저장창고입니다. 공기 순환이 좋고 흙바닥을 사용하며, 낮은 천장에 오크통 2~3개를 랙형으로 낮게 깔기 때문에 온도가 비교적 일정하고 습하다는 특징이 있습니다. 다만 높게 쌓지 못해 효율성이 떨어져 점점 사용하지 않게 되었습니다.

■ 랙형 저장창고(Racked Warehouse)

나무로 만든 랙에 오크통을 쌓아 높이 올려서 보관하는 방식의 저장창고입니다. 더니지 방식보다 현대적이고 보편적이지요. 오크통을 눕혀서 틀에 고정해 저장하며, 높이는 12단까지 쌓기도 합니다. 더니지 저장창고에 비해 온도와 습도 등이 균일하지는 않지만, 경제적이고 효율적이어서 많이 활용되고 있습니다. 미국에서는 랙하우스나 릭하우스로 불립니다.

■ 팰릿·팔레트형 저장창고(Palletized Warehouse)

오크통을 세워 팰릿·팔레트에 올린 뒤 그대로 쌓아서 보관하는 방식의 저장창고입니다. 지게차를 이용해 운반하며 보관하기도 편한 현대적 창고 방식이지요. 현대 방식의 창고는 오크통을 높게 쌓아서 보관하기 때문에 위쪽 오크통과 아래쪽 오크통의 환경이 다른 경우가 많습니다.

물론 스코틀랜드, 아일랜드, 캐나다 등의 다소 습도가 높고 온도가 낮은 저장창고와 미국, 대만, 인도 등의 저장창고에서의 환경은 아주 많은 차이가 나게 됩니다. 온도가 낮은 나라에서 나는 위스키는 깨끗하고 부드러운 맛이 나며, 온도가 높은 나라에서 나는 위스키는 더 달고 맛이 강한 특징이 있습니다.

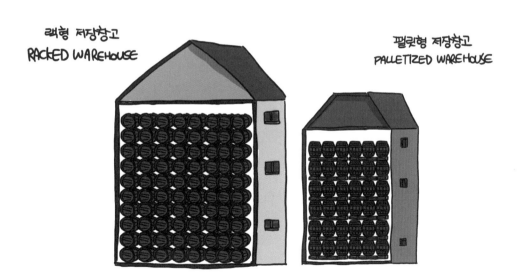

병입

오랜 기간 숙성된 위스키는 최종적으로 여러 방법을 통해 병에 담기게 됩니다. 이를 병입bottling이라고 부릅니다.

A증류소 위스키 61.8% 12년 숙성

B증류소 위스키 10년 숙성 60.7%

A증류소 위스키 15년 숙성 58.5%

블렌딩 BLENDING

덤핑 DUMPING
: 숙성된 오크통 비우기

물 WATER

10년 숙성 40% 이상

블렌딩

오크통마다 품질 차이가 있으므로 일정 수준의 위스키 품질을 유지하는 것이 중요합니다. 기본적으로 유명한 위스키들은 균등한 품질을 유지하기 위해 섞어주는 과정인 블렌딩blending을 거치게 됩니다. 수많은 오크통을 큰 통에 넣어 섞은 뒤 물을 타서 40% 이상의 원하는 도수로 맞춰주면, 이제 마침내 오랜 세월을 담은 위스키가 병에 담겨 세상에 나오게 됩니다.

증류소의 위스키 원액을 계획 및 관리하고 블렌딩하여 제품으로 만들어내는 사람을 '블렌더'라고 부르고, 그들 중 최고의 위치에 오른 사람을 '마스터 블렌더'라고 부릅니다. 과거 균일한 품질의 위스키를 만들어내는 일은 블렌더들의 역량이었는데, 그만큼 위스키에서 블렌딩은 중요했습니다. 블렌더는 이제 블렌딩뿐만 아니라 증류소의 전반적인 공정과 위스키의 개발·생산부터 판매까지 총괄하는

위치에 있습니다.

1980년대까지는 일반적으로 스카치위스키를 모두 블렌딩하여 병입했습니다. 여러 증류소의 원액을 섞어서 만든 블렌디드 위스키가 거의 대부분을 차지했지요. 점점 줄고는 있지만 아직도 대부분의 위스키가 블렌디드 위스키에 해당합니다.

그러다가 증류소 한 곳에서만 만든 위스키가 판매되기 시작했고 이제는 일상화되었습니다. 다른 증류소의 위스키들과 섞이지 않은 위스키는 그 증류소만의 개성을 가지고 있습니다. 과거에는 블렌딩을 해 낮춰야만 했던 개성이지만 이제는 경쟁력이 된 것이죠.

개성을 찾는 시대. 이제는 한 증류소에서 생산되는 위스키뿐만 아니라 한 오크통에 한 위스키를 담거나, 물을 타서 도수를 낮추지 않는 위스키들도 큰 인기를 얻고 있습니다.

마스터 블렌더
MASTER BLENDER

■ 싱글 캐스크(Single Cask) & 싱글 배럴(Single Barrel)

한 오크통에 담긴 위스키를 병입하는 것
을 뜻합니다. 물은 섞을 수도 있고, 섞지
않을 수도 있습니다.

■ 싱글 캐스크 스트렝스(Single Cask Strength) & 싱글 배럴 프루프(Single Barrel Proof)

한 오크통에 담긴 위스키를 물을 섞지 않
고 병입하는 것을 말합니다.

■ 캐스크 스트렝스(Cask Strength) & 배럴 프루프(Barrel Proof)

물을 섞지 않고 병입하는 것을 말합니
다. '싱글'이라는 단어가 빠졌기 때문에
여러 오크통의 위스키를 섞어도 됩니다.
하나의 오크통만 사용했다면 싱글을 붙
여야 합니다.

캐스크 스트렝스는 주로 스카치위스키에서 사용하는 말이며, 배럴 프루프는 아메리칸 위스키에서 자주 사용하는 단어
입니다. 다만 표기에 대한 정확한 규정이 없어서 혼용해 사용되기도 합니다. 그런 이유로 순수하게 한 오크통에서 숙성
된 것이 아니라, 병입되기 전 짧은 기간에 숙성했던 오크통에서 바로 병입하는 등 표기에 관한 것만 지키는 경우도 많아
표기 논란이 있기도 합니다.

■ 냉각 여과(Chill Filtration)

위스키를 병입하기 전, 낮은 온도로 위스키를 거름망에 통과하는 냉각 과정을 거치게 됩니다. 위스키 속 지방산 등 잔여물을 걸러내기 위한 과정이며, 낮은 온도에서 잔여물이 응고되어 위스키가 탁해지는 현상haze을 방지하기 위해서입니다. 그러나 점차 냉각 여과 과정을 거치지 않는 위스키가 늘고 있는데, 이 잔여물의 성분 또한 위스키 맛을 구성하는 하나의 요소로 보거나 인공적인 과정을 줄이기 위함이며, 그럴 경우 냉각 여과를 하지 않았다는 표기Non-Chill Filtered를 하고 있습니다.

■ 캐러멜색소 첨가(Caramel Coloring)

보통 효모 외에 위스키에 첨가할 수 있는 인공첨가물이 캐러멜색소Caramel E150입니다. 이는 블렌딩하는 많은 용량의 위스키 색을 통일하거나, 보다 오래 숙성된 느낌을 내는 등 시각적인 효과를 위해 사용하고 있습니다.

요즘은 위스키 본연의 색을 즐기기 위해 캐러멜색소를 첨가하지 않은 위스키가 늘고 있으며, 첨가하지 않는 경우 이를 기재하는 경우가 많습니다. 아메리칸 위스키의 경우에는 일반적으로 캐러멜색소를 사용허용하지 않습니다.

■ 알코올 함량(Alcohol by Volume, ABV)

술에서 알코올이 차지하고 있는 정도를 나타내며, 흔히 '몇 도' 혹은 '몇 퍼센트 %'로 부릅니다. 알코올 함량에서 가장 기본이 되는 기준으로, 술 전체 함량에 알코올이 들어 있는 정도를 나타냅니다. 어떤 술의 도수가 30%라고 한다면 30/100%의 알코올 함량을 가졌음을 나타내는 것입니다.

■ 프루프(Proof)

과거 영국 해군의 항해에 꼭 필요한 것 중 하나가 바로 술이었습니다. 거친 바다에서 상하거나 상태가 좋지 않은 물과 함께 마셔 중화하고, 해열과 추위 예방 등 여러 이점이 있었기 때문입니다. 물론 술을 마시며 힘든 일상을 잠시나마 벗어나는 효과야 말할 것도 없겠지요. 이런 술로는 증류주, 그중에서도 럼이 제격이었기에 영국 해군에게 럼은 술 이상으로 중요했습니다.

이때 럼을 화약과 같이 실었기 때문에 화약이 럼에 젖을 수도 있었고, 품질 확인차 럼의 도수를 확인해야 해서 화약을 럼에 담가서 불을 붙여보았다고 합니다. 불이 붙는 것으로 높은 도수이며 화약과 섞여도 사용할 수 있다는 것을 증명prove했는데, 술의

도수를 나타내는 기준 중 하나인 프루프proof가 여기에서 유래되었다고 추측합니다. 당시 불이 붙었던 100proof는 57.1% ABV로, 즉 100proof =57.1%였습니다.

하지만 이 영국식 프루프는 영국 및 유럽에서 많이 사용되지 않고, 미국에서는 100proof를 50%로 나타내는 미국식 프루프를 사용하고 있습니다.

독립병입

다른 증류소의 원액을 구매해서 자신들의 브랜드로 판매하는 것을 독립병입independent bottling이라 하며, 그런 업체를 '독립병입자'라고 합니다.

아주 오래전부터 스코틀랜드의 증류소들은 증류만 담당하는 경우가 많았습니다. 유명한 블렌더들이 여러 증류소에서 위스키 원액을 구매하고 블렌딩하여 판매하는 방식이 일반적이었죠.

이러한 판매 방식 덕분에 증류소는 미리 판매 경로를 확보할 수 있었고, 독립병입자는 판매에 집중할 수 있었으며, 소비자들은 보다 저렴한 가격에 위스키를 구매할 수 있었습니다.

독립병입자는 위스키 원액을 구매해 자신들이 원하는 방식으로 실험하여 판매하기도 해서 개성적인 위스키를 접할 수 있습니다. 또한 위스키는 숙성되는 데 오랜 시간이 걸리고 그 결과를 알 수 없으므로, 숙성되기 전 독립병입자에게 판매한 위스키 원액을 숙성 후 생산 증류소에 되팔거나 증류된 원액과 교환하는 경우도 있습니다.

2021년 국내에도 '위스키 내비'라는 업체독립병입자가 독립병입 위스키를 처음으로 출시했습니다.

INTERESTING WHISKY FACTS
재미난 위스키 상식
ㅗ

- 스카치 위스키는 매초마다 40 병 정도 판매
- 스카치 위스키는 매년 10 억 병 이상 생산, 90% 이상 수출
- 최고 위스키 소비국 (개인당)은 프랑스 . 총합은 1위 인도, 2위 미국
- 인구 540만명의 스코틀랜드에 2000만 캐스크 이상 숙성 중
- 스코틀랜드 증류소 방문은 여행자들이 두 번째로 많이 하는 활동
- 세상에는 5000종류 이상의 싱글몰트 위스키가 있음
- 85%의 싱글몰트 위스키는 스카치 위스키
- 보리는 수많은 변종이 있으나 몇 종의 적합한 품종을 사용
- 버번 위스키의 95%가 켄터키에서 생산
- 켄터키에는 1000만 배럴의 위스키가 숙성되고있음. 해마다 200만
  배럴이 생산되고 있으며 계속해서 증가 중

위스키 파헤치기

스카치위스키

스카치 위스키
SCOTCH WHISKY

'위스키' 앞에 들어가기에 가장 익숙한 단어는 무엇일까요? 바로 '스카치'가 아닐까요? 그만큼 우리에게 널리 알려진 위스키가 스카치위스키입니다.

이번 여정은 위스키의 대명사, 스카치위스키에 대해 알아보는 시간입니다. 자, 시작해볼까요!

영국 과 아일랜드
UNITED KINGDOM & IRELAND

스캇틀랜드
SCOTLAND

북아일랜드
NORTHERN
IRELAND

아일랜드
IRELAND

잉글랜드
ENGLAND

웨일스
WALES

스카치위스키는 위스키를 생산하는 나라 중 가장 유명한 스코틀랜드에서 만든 위스키를 말합니다. 스코틀랜드는 영국 북쪽에 위치합니다. 스코틀랜드가 영국연합왕국에 속하기까지는 오랜 역사가 있는데, 이 역사에 위스키도 함께했습니다.
많은 술이 그렇지만 스카치위스키도 스코틀랜드의 역사와 함께 나이를 먹어온 셈이죠.

그레이트 브리튼 및 아일랜드 연합왕국
GREAT BRITAIN & IRELAND

SCOTLAND
스코틀랜드

픽트족
PICTS

스코트족
SCOTS

아일랜드
IRELAND

켈트족
CELTS

앵글족
ANGLES

색슨족
SAXONS

잉글랜드
ENGLAND

웨일스
WALES

주트족
JUTES

스코틀랜드 역사 훑어보기

스카치위스키에 대해 본격적으로 살펴보기 전에 잠시 스코틀랜드의 역사를 알아보겠습니다. 스코틀랜드의 역사는 필연적으로 지금의 영국과 아일랜드의 역사와 함께합니다.

1세기 초, 이곳에 살고 있던 켈트족은 로마의 침략을 받은 후 두 갈래로 나뉘었습니다. 로마 제국의 지배를 피해 북쪽으로 이동한 픽트족, 그리고 남부에 남아 로마 제국의 지배를 받으며 로마화된 켈트족이지요. 4세기에 로마 제국이 몰락한 이후, 남부로 넘어오는 픽트족을 방어하기 위해 켈트족이 불러들인 앵글로색슨족 앵글족, 색슨족, 주트족 이 남부를 차지하고 켈트족은 서부로 이동했습니다. 이후 남부에 남아 있던 앵글로색슨족에 의해 잉글랜드가, 서부 지방으로 이동한 켈트족에 의해 웨일스가 세워졌고, 북쪽의 픽터족은 스코트족과 동화되어 스코틀랜드를 세웠습니다. 우리가 알고 있는 현재 영국의 모습을 얼추 갖추게 되지요.

12세기 잉글랜드의 왕 헨리 2세는 아일랜드와 웨일스, 스코틀랜드를 차례로 정복하고 종속해버립니다. 13세기 말에 스코틀랜드는 영국의 직접적 지배를 받게 되고, 14세기 베녹번 전투로 자유를 쟁취했습니다. 1603년 잉글랜드의 왕 엘리자베스 1세가 죽은 이후, 스코틀랜드의 왕 제임스 6세가 잉글랜드의 왕 제임스 1세 으로 즉위하여 왕위를 겸하면서 잉글랜드와 스코틀랜드는 같은 군주를 두는 동군연합 관계가 성립되었고, 1707년 명예혁명 이후 연합왕국 United Kingdom of Great Britain 이 되었습니다. 1801년에는 아일랜드와 의회를 통합하고 그레이트 브리튼 및 아일랜드 연합왕국 The United Kingdom of Great Britain and Ireland 이 됩니다. 아일랜드는 1921년 독립하여 1939년 아일랜드 공화국을 선포했고, 아일랜드의 북쪽은 그대로 영국연합에 남아 영국의 정식 명칭은 그레이트 브리튼 및 북아일랜드 연합왕국 The United Kingdom of Great Britain and Northern Ireland 이 됩니다.

'브리튼'의 유래는 처음 브리튼섬을 방문한 한 그리스 여행가가 원주민들이 온몸에 문신을 새긴 모습을 보고 '프레타니카이(몸에 그림을 그린 사람들이라는 뜻)'라고 부른 것에서 시작했습니다. 그렇게 '프레타니카이'에서 '브레타니아'를 거쳐 '브리튼'으로 불리게 되었다고 합니다.

현재 스코틀랜드에도 분리 독립의 요구가 있으며 2014년에는 국민투표까지 진행되어 부결되었으나, 요동치는 흐름 속에 언제 독립국이 될지 알 수 없습니다. 2020년 1월 영국의 유럽연합 탈퇴, 즉 브렉시트 Brexit 가 단행되면서 앞으로 스코틀랜드와 스카치위스키에 어떤 영향을 끼치게 될지 궁금합니다.

스카치위스키의 역사

스카치위스키의 고향, 스코틀랜드의 역사를 간략하게 알아보았으니 이제부터 위스키가 등장한 이후 근 500년 역사 속 스카치위스키를 살펴볼 차례입니다.

위스키에 관한 첫 기록_{가장 오래된 기록}은 1494년 '여덟 볼의 몰트로 존 코어 신부가 아쿠아비테_{Aqua Vitae}를 만들었다'는 왕실 재무부 문서에 있습니다. 1644년에는 위스키에 대한 첫 주세가 부과되었습니다. 1707년에는 스코틀랜드와 영국의 연합으로 잉글랜드의 주세법이 스코틀랜드에서 시행되고, 높아진 주세로 많은 반발이 일어나게 됩니다. 이때부터 단순한 불법 증류의 범위를 넘어 잉글랜드에 대한 저항까지 더해지면서, 위스키 반란·혁명으로 불리는 밀주 불법 증류와의 오랜 전쟁이 시작됩니다. 이 시기에 밀주를 숨기기 위한 오크통 숙성법이 발전하기도 했습니다. 야간에 달빛을 받으며 불법 증류하던 것 때문에 불법 증류주에 '문샤인'이라는 명칭이 붙기도 합니다.

1784년에는 워시법을 시행해 합법적인 증류 생산을 유도하면서 합법 증류소들이 증가했으나, 1786년 면허제_{증류소법}가 도입되고, 1793년 주세의 3배 인상과 증류기의 크기 제한 등을 단속하는 조치로 불법 밀주는 다시 증가했습니다. 그러다 1823년 주세를 크게 내린 소비세법의 시행으로 합법 증류소들이 대폭 늘어나며 전쟁은 서서히 끝났습니다.

이후 연속식 증류기로 몰트위스키와 그레인위스키를 혼합한 블렌디드 위스키의 등장과 더불어, 필록세라_{와인을 괴롭히는 해충의 일종}로 인해 와인과 브랜디의 생산이 감소하고 위스키가 대표 증류주로 자리 잡으면서 위스키 산업이 다시 성장하게 됩니다.

1860 증류주법
1860 SPIRITS ACT

필록세라 흑사병
PHYLLOXERA PLAGUE

1846년 값싼 곡물의 수입 규제와 높은 관세를 부과하던 옥수수법 옥수수 외의 곡물 모두 포함 의 폐지와 1860년 시행된 증류주법으로 몰트 위스키와 그레인 위스키의 블렌딩이 합법화되어 블렌디드 위스키가 더욱 발전하게 되었습니다. 블렌디드 위스키를 발판으로 스카치위스키는 꾸준하게 성장하며 1800년대 말, 이윽고 황금기를 맞이합니다. 위스키 역사상 첫 번째 황금기였습니다.

1901년에는 스카치위스키의 상당 부분을 유통하던 패티슨 형제의 패티슨사가 파산하고 형제는 구속되었습니다. 가지고 있던 위스키를 담보로 많은 돈을 투자받아 사치스러운 소비를 했기 때문이었죠. 패티슨사가 파산할 때 많은 업체들도 함께 파산하면서 위스키 황금기는 막을 내리고, 고난의 시기가 시작되었습니다.

1901 패티슨 파산
PATTISON CRASH

1909 영국왕립 협회
그레인위스키 '위스키' 명칭사용 승인

1915 미숙성주정(제한)법
IMMATURE SPIRITS (RESTRICTION) ACT

1909년 영국왕립협회에서 그레인위스키에도 위스키라는 명칭을 사용할 수 있게 승인했습니다.

1915년에는 오크통 숙성을 2년 이상 의무화하는 미숙성 주정 제한법이 시행됐으며, 1916년에 숙성 의무기간이 3년으로 연장되었습니다.

제1차 세계 대전이 발발한 1917년에는 대부분의 스코틀랜드 증류소들이 증류를 멈춰야 했으며, 1920년에 시행된 미국의 금주법으로 많은 증류소들이 문을 닫았고 스카치위스키 시장은 급격하게 축소되었습니다.

스카치위스키는 1933년에 처음 법적으로 정의되었으며, 1939년 미국의 금주법이 끝나고 스카치위스키 시장도 조금씩 회복하고 있을 때, 제2차 세계 대전이 발발합니다. 또다시 대부분의 증류소가 증류를 중단했다가 전쟁이 끝난 뒤 서서히 회복했습니다.

1963년 싱글몰트 위스키가 해외에도 판매되기 시작합니다. 스카치위스키는 꾸준히 회복하여 생산량이 급격히 늘어납니다. 이때를 스카치위스키의 두 번째 황금기로 보기도 합니다.

1980년 칵테일과 함께 화이트 스피릿 럼, 보드카, 진의 인기와 위스키의 과잉 생산으로 인해 스코틀랜드의 많은 증류소가 문을 닫았습니다. 위스키가 과잉 생산되는 현상을 'whisky loch' 혹은 'whisky lake'라 합니다. 1980년 중반, 스코틀랜드의 선도적인 스카치위스키 회사인 DLCThe Distillers Company도 파산하면서 스카치위스키 시장은 다시 하락합니다. DLC는 디아지오의 전신인 기네스에 인수됩니다.

늘어나는 부에 비례해 증가하는 소득 격차처럼 2000년이 지나며 전체적 위스키 시장은 성장하고

있으며, 싱글몰트를 비롯해 고가 위스키 시장은 더욱 크게 성장하고 있습니다. 오랜 잠을 자던 증류소들이 활발해지면서 생산량이 급격하게 증가하고 있는 지금, 우리는 또 다른 위스키 황금기에 살고 있습니다. 어쩌면 최고의 황금기가 될지도 모르겠습니다. 과연 이 황금기는 언제까지 이어질까요?

지금까지 500년이란 시간 동안의 스카치위스키를 멀리서 조망해보았으니, 이제 좀 더 가까이에서 자세히 살펴볼 차례입니다.

스카치위스키의 정의

스카치위스키는 어떤 위스키일까요? 2009년 시행된 스카치위스키 규정에서 스카치위스키에 대해 자세하게 정의하고 있습니다. 이 규정은 41개의 항목으로 나누어 세분되어 있는데, 3번 항목에서 스카치위스키를 정의하고 있지요.

3번 항목에는 스카치위스키의 생산에 관한 여러 가지 세밀한 내용이 있지만, 가장 중요한 것은 '스카치위스키는 스코틀랜드에서 생산·증류·숙성·병입되어야 한다'는 것입니다.

병입에 관한 규정은 2012년 추가되었습니다.

스카치위스키 SCOTCH WHISKY
스카치위스키의 정의 DEFINITION OF SCOTCH WHISKY

스코틀랜드에 있는 증류소에서

맥아(발아된보리)나 곡물음료에
물로 당화후 효모만 첨가허 발효

물 WATER
효모 YEAST

MALT   GRAIN

알코올 도수 94.8%
이하로 증류

700L를 초과하지 않는
오크통에서 최소3년이상 숙성

물 WATER

캐러멜색소
PLAIN CARAMEL COLOURING

물과 캐러멜색소만 첨가
알코올도수는 40% 이상

스카치위스키의 분류

스카치위스키는 사용한 재료와 증류소별 위스키의 혼합 여부로 가장 크게 나뉘며,
법적으로는 다음과 같은 5가지로 분류됩니다.

· **싱글몰트 스카치위스키** Single Malt Scotch Whisky
· **싱글그레인 스카치위스키** Single Grain Scotch Whisky
· **블렌디드 몰트 스카치위스키** Blended Malt Scotch Whisky
· **블렌디드 그레인 스카치위스키** Blended Grain Scotch Whisky
· **블렌디드 스카치위스키** Blended Scotch Whisky

■ 싱글몰트 스카치위스키

싱글몰트 스카치위스키 Single Malt Scotch Whisky 는
한 증류소에서 싹 틔운 보리인 맥아로 만든 위스키
를 말합니다. 싱글몰트 스카치위스키를 증류할 때
는 단식 증류기를 사용해야 합니다. 보통 두 개의 증류
기를 연결해 증류합니다.

연속식 증류기를 사용하면 맥아만 사용했어도 그레인위
스키로 분류됩니다.

세계 대전 이후 주류 시장은 세계화 및 거대 자본
화되었고, 대부분의 주류사들이 합병을 통해 거대
화되어 블렌디드 위스키를 생산했습니다.
1960년대 중반, 싱글몰트를 생산하는 거의 모든
증류소들이 주류 회사에 이름 없이 제품을 납품할
때, 전통과 개성을 내세우며 '싱글몰트'라는 이름
으로 자신의 증류소 위스키를 제조·판매하여 싱
글몰트 위스키를 알린 증류소가 있었습니다. 바로

'윌리엄 그랜트 앤 선즈'였으며, 그 첫 싱글몰트 위
스키가 지금도 가장 유명하고 많이 팔리는 '글렌피
딕'이었습니다.
이후 싱글몰트를 제조하는 많은 증류소에서 자신
들의 이름으로 싱글몰트 위스키를 제조해 판매했
고, 위스키의 성장세 중에도 싱글몰트는 독보적으
로 자신의 자리를 넓혀가고 있습니다.
싱글몰트 위스키의 판매량은 스카치위스키 전체
중에서 10%만을 차지하지만, 판매 금액은 30%를
차지하고 있으며 계속 증가하고 있습니다. 그만큼
질적으로 중요한 자리를 차지하고 있는 셈이지요.
블렌디드 위스키만큼은 아니지만 어렵지 않게 찾
아볼 수 있는 위스키입니다.
싱글몰트 위스키에서 중요한 것은 증류소이기 때
문에 대체로 증류소와 관련된 이름을 가지고 있습
니다.

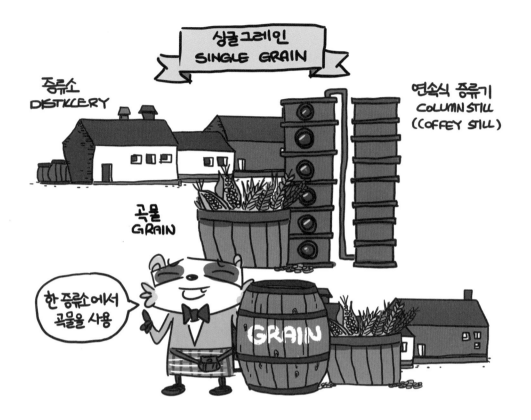

■ 싱글그레인 스카치위스키

스카치위스키는 맥아로만 만든다고 생각하기 쉽습니다. 물론 스카치위스키의 특징이 맥아로 만든다는 점에 있기는 하지만, 사실 맥아 외의 다른 곡물을 활용하는 위스키가 더 많이 생산되고 있습니다. 옥수수, 호밀, 싹을 틔우지 않은 보리 등의 곡물을 사용해서 만드는 위스키를 '그레인위스키'라고 하며, 한 증류소에서 만든 그레인위스키를 싱글그레인 스카치위스키 Single Grain Scotch Whisky 라고 합니다.

그레인위스키 제조에 증류기의 제한은 없으며 보통 연속식 증류기를 사용합니다. 그레인위스키는 대부분 블렌디드 위스키 제조에 사용되므로 시장에서 제품화된 그레인위스키를 접하기가 다른 위스키에 비해 어렵습니다. 대표적인 그레인위스키 제품으로는 몇 해 전 우리나라에서 세계 최초로 출시한 디아지오 세계 최대 증류주 회사 의 '헤이그 클럽'이 있습니다.

■ 블렌디드 몰트 스카치위스키

블렌디드 몰트 스카치위스키Blended Malt Scotch Whisky는 최소 두 개 이상의 증류소에서 생산된 몰트위스키를 혼합한 위스키를 말합니다.

과거에는 베티드Vatted나 퓨어몰트Pure Malt라고 부르기도 했으나, 현재는 블렌디드 몰트 스카치위스키로만 표기해야 합니다. 블렌디드 위스키나 싱글몰트 위스키보다 좀 더 찾기 힘들죠. 조니워커 그린라벨이 블렌디드 몰트 스카치위스키입니다. 그린라벨의 예전 술병에는 퓨어몰트로 표기되어 있습니다.

■ 블렌디드 그레인 스카치위스키

블렌디드 그레인 스카치위스키 Blended Grain Scotch Whisky 는 두 곳 이상의 증류소의 그레인위스키를 혼합해서 만든 위스키입니다. 대부분 블렌디드 위스키 제조에 사용하므로 앞서 말한 위스키들보다 접하기 더욱 힘들죠.

대표적인 제품으로는 독립병입자 콤피스 박스의 '헤도니즘'과 윌리엄 그랜트 앤 선즈에서 나온 'Grants Elementary 8'이 있습니다.

■ 블렌디드 스카치위스키

블렌디드 스카치위스키 Blended Scotch Whisky 는 하나 이상의 싱글몰트 위스키와 싱글그레인 위스키를 혼합해 만든 위스키입니다. 우리가 알고 있는 유명한 위스키들이 대부분 이 방식으로 제조됩니다.

스코틀랜드의 증류소들에서 생산되는 많은 종류의 싱글몰트 위스키와 싱글그레인 위스키를 섞어서 만들기 때문에, 섞는 과정은 간단해 보이지만 블렌디드 위스키의 핵심이 되기도 합니다. 이 과정을 최종적으로 결정하는 사람들을 '마스터 블렌더'라고 부르며, 마스터 블렌더들은 대부분 경영의 핵심 자리에 있습니다. 그만큼 위스키에서 블렌딩이 중요하다는 의미겠지요. 가장 많이 팔리는 스카치위스키인 조니워커 외에도 밸런타인, 시바스 리갈, 듀어스, 벨, 그랜트, 커티삭, 올드파 등이 있으며, 우리에게 익숙한 스카치위스키는 대부분 이 블렌디드 위스키입니다.

스카치위스키 산업

위스키 시장에서 스카치위스키가 중요한 이유는 무엇일까요? 바로 오늘날 위스키 시장에서 스카치위스키가 가지고 있는 상징과 위치로 인해 스카치위스키의 규정이 대부분 전체 위스키 규정의 표준이 되기 때문입니다. 한마디로 스카치위스키가 가장 유명하고 많이 알려졌기 때문이죠. 스카치위스키에 대해 자세히 알아보면서 위스키를 만들 때 풍미에 영향을 끼치는 요인에 대해서도 살펴보겠습니다.

SWA통계, 2019

스카치위스키협회SWA에 따르면 스카치위스키는 스코틀랜드 식음료 수출의 75%를 차지하며, 영국 전체로는 21%, 영국의 수출 상품 중에서는 1.4%를 차지합니다. 영국 전체에서 4만 개 이상의 일자리가 위스키 산업과 관련되어 있으며, 이 중 스코틀랜드에서만 만 명 이상 직접 고용되어 있습니다. 또한 자그마치 2천2백만 개의 오크통이 스코틀랜드에서 숙성되고 있지요. 스코틀랜드 전역에 130곳이 넘는 증류소가 운영되고 있으며, 그 수는 계속 늘어나고 있습니다.

스카치위스키의 판매 분포를 보면 블렌디드 위스키가 64%, 싱글몰트 위스키가 10%, 그레인위스키와 벌크위스키가 26%를 차지합니다. 판매 금액을 보면 판매량 중 10%를 차지하는 싱글몰트 위스키가 전체 판매 금액의 30%를 차지하고 있으며, 이는 점점 더 오를 것으로 예상됩니다. 물론 스카치위스키의 근간이 되는 블렌디드 위스키를 무시할 수는 없지만, 그만큼 싱글몰트 위스키가 스카치위스키에서 차지하는 자리가 점점 넓어지고 있다는 의미겠죠. 스카치위스키의 핵심인 싱글몰트 위스키를 통해 스카치위스키를 좀 더 알아보겠습니다.

위스키의 3대 핵심 재료

위스키 특히 싱글몰트 위스키의 3대 필수 재료는 물, 곡물맥아, 보리, 효모입니다. 이 3가지 재료 없이는 술이 만들어질 수 없으니, 증류주인 위스키에도 이 재료들이 가장 기본이 되겠죠.

싱글몰트 위스키 3대 핵심 재료

맥아(보리)
MALT
(BARLEY)

물
WATER

효모
YEAST

■ 물

물은 술에서 절대 빼놓을 수 없는 재료입니다. 위스키에서도 가장 기본이 되겠죠. 위스키를 만들 때는 오염되지 않은 상태의 물이 무엇보다 중요합니다. 스코틀랜드의 많은 위스키 증류소들이 강이나 시내를 끼고 있으며, 따라서 이름에 '골짜기'라는 의미의 글렌glen이라는 단어를 종종 사용하는 것도 자연스러운 일입니다.

물은 연수와 경수로 나뉩니다. 연수는 무기질미네랄이 적게 포함된 물로 칼슘과 마그네슘의 양을 수치화한 값인 경도가 150mg/L 이하인 부드러운 물입니다. 경수는 경도가 150mg/L 이상인 물로 무기질을 좀 더 많이 포함하고 있습니다. 빗물이 토양에 스며들며 여러 무기질을 흡수하기에 연수는 주로 빗물에서 나오고, 경수는 지하수에서 나오는 경우가 많습니다. 두 종류의 물 모두 장단점이 있지만, 스코틀랜드에서는 대부분 부드러운 연수를 사용합니다. 다시 말해 스코틀랜드에 증류소가 많은 지역의 물은 경도가 낮은 연수인 경우가 많습니다. 가장 많은 위스키 증류소가 있는 스페이사이드 지역의 유래 중 하나가 많은 거품으로 인해 '침같이 보이는 강'이라는 뜻도 있듯이 말이죠. 반면 하이랜드와 아일레이의 물은 비교적 경도가 높으며, 이는 위스키의 강한 풍미에 영향을 끼치는 것으로 알려져 있습니다.

■ 보리

스코틀랜드 위스키를 만드는 곡물 중에서 가장 많이 알려진 것은 보리입니다. 정확히는 발아한 보리인 맥아인데, 그 때문에 보리는 스카치위스키의 상징과도 같은 곡물입니다. 척박한 환경의 스코틀랜드에서 재배하기에 적합한 보리를 이용해 증류주를 만들었기 때문이라고 합니다. 농작물의 판매를 원활히 하기 위해 증류했던 이유도 있습니다. 이는 프랑스에서는 포도, 멕시코에서는 아가베, 미국에서는 옥수수, 카리브해에서는 사탕수수를 활용해 증류주를 만들었던 것과 같은 이유입니다.

보리는 두줄보리를 사용하는데, 여섯줄보리에 비해 단백질 성분이 적고 전분 성분은 많아 발아하기에 유용합니다. 반대의 이유로 여섯줄보리는 식용이나 가축 사료용으로 적합하며, 미국의 맥주나 유럽의 보드카와 같이 곡물을 이용한 증류에 사용하기 적합합니다. 수많은 종류의 보리가 있지만, 많은 연구 끝에 개량되어 위스키에 사용하는 보리는 10여 종류에 불과합니다.

스카치위스키에 사용하는 보리의 약 90%는 스코틀랜드에서 조달됩니다. 생산되는 보리는 1에서 9까지 등급이 매겨지는데, 위스키 제조에는 3등급까지 사용하며 질소 함량이 낮아야 합니다. 스코틀랜드 보리는 연간 2백만 톤이 조금 안 되며 봄보리 80%, 가을보리 20% 위스키에 사용하는 양은 계속 증가해 백만 톤 정도입니다. 가까운 잉글랜드 보리의 일부가 스코틀랜드로 수입되어 스카치위스키에 사용되고 있으며 비율은 계속 증가하고 있습니다.

위스키 소비가 증가하면서 증류소가 계속 생겨나고 있고, 증류의 양도 많아지면서 보리는 계속적으로 필요하게 되었습니다. 따라서 잉글랜드 외 유럽 여러 나라에서의 수입도 점차 증가하고 있지요. 스카치위스키는 스코틀랜드에 있는 증류소에서 생산하고 병입해야 하지만, 보리의 생산지에 대한 규제는 없으며 이는 오랫동안 끊이지 않는 논쟁거리기도 합니다.

보리의 품종을 살펴보면 과거에는 시대별로 특정 품종 Spratt and Plumage Archer, Golden Promise, Triumph, Chariot, Optic, Concerto 등이 주를 이루었으나, 근래에는 여러 품종을 다양하게 사용하고 있습니다. 보리 재배에서 가장 중요한 건 효율성이며 과거에 유명했던 골든 프라미스 품종이 보기 어려워진 것도 신품종에 비해 효율성이 떨어지기 때문입니다.

여러 품종이 대부분 유전상 같은 종류이다 보니 대개 같은 맛을 가진 것으로 평가되기도 합니다. 그럼에도 직접 재배한 증류소 인근의 보리나 희귀 품종의 경우 비싼 가격을 형성하고 있습니다. 이는 위스키의 감성적인 면을 볼 수 있는 사례라는 견해도 있습니다.

■ 효모

스카치위스키의 필수 핵심 재료 중 하나인 효모 yeast는 앞에서 살펴본 바와 같이 당을 알코올과 이산화탄소로 분해하는 역할을 합니다. 효모 없이는 위스키는 물론, 술 자체를 만들 수 없겠죠. 아주 오래전부터 사람들은 효모는 몰라도 술을 발효하는 어떤 힘이 있는 것은 알고 있었습니다. 정확히는 몰라도 작용하는 무엇이 있음은 알고 있었던 것이죠. 그 때문에 좋은 결과를 위해 기원하고 환경을 만드는 등의 정성을 들였습니다. 발효가 일종의 균인 효모 덕분이라는 건 알려진 지 그리 오래되지 않았습니다.

효모의 존재를 증명한 사람은 우리가 잘 알고 있는 프랑스 출신의 생물학자, 루이 파스퇴르 Louis Pasteur 입니다. 술이 만들어지는 작용을 하는 것은 미생물이며, 이 미생물이 '효모'라는 것을 증명했습니다. 술을 만드는 힘은 신이 아닌, 아주아주 작은 미생물에 있었던 것입니다.

LOUIS PASTEUR
1822~1895

효모는 제빵, 맥주 등에도 사용되는 균의 일종이며, 배양하고 개량하는 것이 가능해질 무렵부터 제빵과 술 제조에 사용했습니다. 균이 자라기 적합한 환경을 만들고, 그곳에서 균이 잘 형성되기를 바라며 배양하게 된 것이죠.

효모 중에서 가장 유명한 종은 맥주와 빵의 효모로 불리는 사카로미세스 세레비시아 Saccharomyces Cerevisiae 이며, 이 효모종은 사카로미세스의 대표종이기도 합니다. 와인과 에일 맥주 등 대부분의 술에 사용되는 대표 효모입니다. 라거에 사용되는 효모는 사카로미세스 파스토리아누스 Saccharomyces Pastorianus 이며, 파스퇴르를 기리는 의미에서 이름을 따왔습니다.

사카로미세스 세레비시아
S. CEREVISIAE
사카로미세스의 대표종
CEREVISIAE → CEREVISIA (라틴어 맥주)
맥주효모, 빵효모

EMIL CHRISTIAN HANSEN
1842~1909

한편, 맥주 회사 연구원이었던 에밀 크리스티안 한센은 파스퇴르의 연구를 응용해서 더욱 풍미가 좋은 맥주를 만들기 위한 방법을 찾았고, 결국 효모를 분리·배양해 냈습니다. 이 효모는 사카로미세스 칼스베르겐시스 Saccharomyces Carlsbergensis 라 이름 지어졌는데, 한센이 다녔던 맥주 회사의 이름인 칼스버그에서 가져왔기 때문입니다.

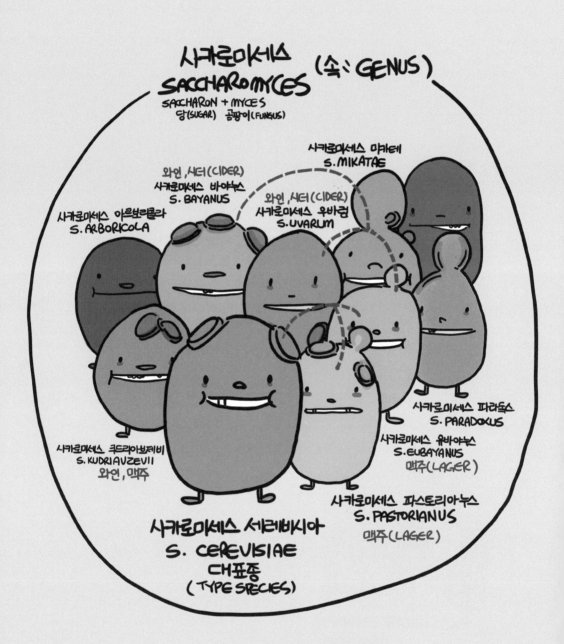

1985년 유전자 연구를 통해 사카로미세스 칼스베르겐시스와 사카로미세스 파스토리아누스는 같은 종임이 확인되었고, 라거 효모인 사카로미세스 파스토리아누스는 에일 효모인 사카로미세스 세레비시아와 알 수 없는 효모 사이의 잡종인 것도 알게 되었습니다.

몇 해 전 몰랐던 효모가 하나 발견되었고, 이 효모가 라거 효모의 조상 중 하나라는 사실을 알게 된 후 사카로미세스 유바야누스Saccharomyces Eubayanus 라는 이름이 붙었습니다. 사카로미세스 유바야누스가 발견된 곳이 남미였기 때문에 이 효모가 유럽으로 들어오게 된 경로에 대한 가설들이 세워지고 있으나 아직 정확하게 밝혀진 것은 없습니다.

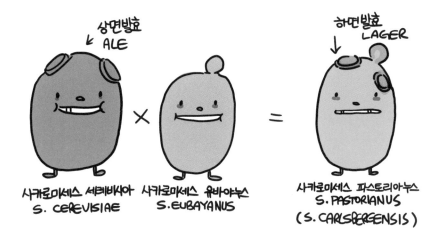

생활과 밀접한 제빵과 맥주에서 배양한 효모를 사용하면서 위스키 제조에도 배양한 효모를 사용하기 시작했습니다.

스코틀랜드의 많은 증류소들이 같은 효모를 사용했는데, 대부분 인근의 양조장에서 빵과 맥주 효모를 가져와 사용했습니다. 많은 증류소들이 양조장의 효모를 같이 사용했죠.

1950년대 DLC에 사카로미세스 세레비시아의 잡종인 M-Strain 효모가 도입되었으며, 1980년대까지 스코틀랜드 대부분의 증류소에서 사용했습니다. 이후 다른 변종의 효모 3종MX, Mauri, Anchor/BFP이 새로 도입되어 대부분 이 4가지 효모와 지역 양조장 및 증류소의 효모를 사용하고 있습니다.

스코틀랜드 증류소들은 서로 협력 관계에 있으며 많은 교류를 합니다. 블렌디드 위스키로 인한 교류는 물론, 전통적인 위스키 제조 방식이 서로 협력하는 관계에서 비롯되었습니다.

스코틀랜드와 함께 또 다른 기준이 되는 미국의 증류소들은 기본적인 협력 관계가 없다고 할 수는 없지만 증류소들이 어려워지거나 화재로 무너지면 협력하는 모습을 볼 수 있습니다. 구조적으로 스코틀랜드의 증류소들처럼 교류가 활발하지는 않습니다. 효모에서는 스코틀랜드보다 미국의 증류소들이 더 다양한 종류의 효모를 사용하는 경향이 있는데, 이는 연속 증류기와 새 오크통을 사용하는 특성상 풍미에 영향을 끼치는 요소가 제한적이기 때문에 효모에서 풍미의 변화를 이끌기 위해서이기도 합니다. 증류소 간 교류가 없는 일본도 좀 더 다양한 풍미의 위스키 생산을 위해 다양한 효모를 사용합니다.

스코틀랜드에서 효모는 풍미를 위해서라기보다 기본적인 생산에 비중을 더 두는 경향이 있습니다. 위스키의 3가지 핵심 재료인 물, 보리 곡물, 효모는 말 그대로 가장 기본적인 요소입니다. 기본적인 것들이 잘 지켜진다면 사실상 위스키의 풍미에 미치는 영향이 다른 요소보다는 적다고 판단하는 것이죠.

단식 증류기

위스키 풍미에 영향을 주는 또 다른 요소로 '증류기'가 있습니다. 위스키에서 빠질 수 없는 증류기, 특히 싱글몰트 위스키에서 빼놓을 수 없는 단식 증류기 Pot Still에 대해 알아보겠습니다.

증류소마다 각기 다른 증류기가 있으며 각 증류소의 방식대로 사용하며 증류하고 있습니다. 과거에 단식 증류기는 직화로 증류기 자체를 끓여서 사용했습니다. 증류하고 난 뒤, 증류기 내부 청소 등의 문제로 지금은 대부분 증기 코일을 넣고 데워서 사용하고 있습니다. 기화된 알코올인 증기가 찬물을 통과할 때 액체화시키는 방법에도 변화가 있었습니다.

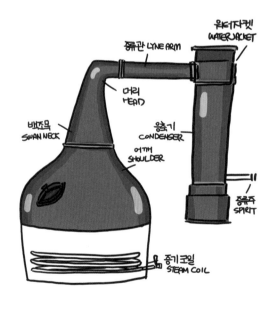

■ 웜터브

모든 증류기는 증류관을 길게 연장해 찬물을 지나며 구리증류관 안의 알코올 증기를 나시 액체로 바나는 방식이었습니다. 이 증류기를 웜터브 Worm Tube 라고 불렀으며, 꽈리를 튼 뱀 같은 모양의 코일튜브가 찬물에 통과하게 하여 증기를 액체화했습니다. 소수의 증류소가 사용하는 웜터브는 증류소 바깥에서 자리를 거대하게 차지하고 있다는 특징 외에도, 응축기보다 무거우면서 응축기를 사용한 증류기보다 항산화 작용이 적기 때문에 증류한 결과물에 황 성분이 좀 더 남아 있다는 특징이 있습니다.

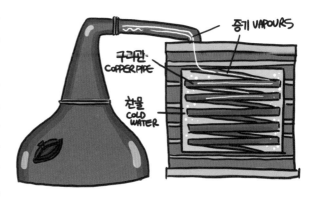

■ 응축기(다관응축기) 콘덴서

지금은 증류관 끝에 응축기를 달아 사용하며, 다관응축기Shell and Tube Condenser 속 수십 개의 작은 구리관 안에 찬물을 통과하여 콘덴서 안의 기체를 액체화합니다. 웜터브 방식보다 관리가 쉽고 비용이 적어서 대부분의 증류소에서 응축기를 사용해 증류하고 있습니다. 응축기를 사용하는 증류기의 내용물은 웜터브를 사용하는 증류기에 비해 빠르게 통과하며, 많은 관에서 구리와 접촉하므로 항산화 작용이 더욱 잘 되어 보다 깨끗하고 가벼운 결과물을 얻을 수 있습니다.

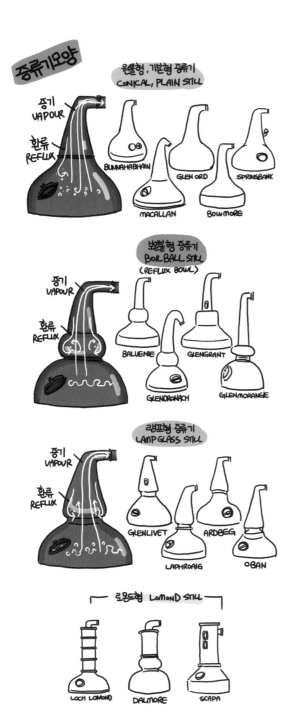

■ 증류기의 모양

단식 증류기는 크게 3가지 유형으로 나뉘지만 증류소마다, 혹은 같은 증류소에서도 조금씩 다른 모양의 증류기를 사용합니다.

증류기의 모양은 무엇보다 증기가 역류해 액체화하는 환류 작용에 영향을 미치게 됩니다. 기본형보다 램프형과 보일형에서 환류 작용이 더 잘 되므로 더 가벼운 풍미의 결과물을 만들어냅니다. 글렌모렌지의 증류기처럼 목이 긴 증류기도 높은 환류 작용 덕분에 가벼운 결과물을 생산합니다.

로몬드형Loch Lomond이라 불리는 기둥의 목에 있는 여러 층의 판으로 환류 작용을 제어하는 증류기들도 있습니다. 그러나 관리가 어려운 문제도 있고, 증류 시 그레인위스키로 분류되어 사용하는 증류소가 몇 곳 없습니다. 로몬드 증류소에서 그레인위스키 증류로 사용하거나, 스카파 증류소에서 판을 제거하고 사용하는 정도입니다. 브룩라디 증류소에서는 보타니스트 진을 생산하는 데 사용하고 있습니다.

■ **증류관의 모양**

증류관의 모양^{각도}도 환류 작용에 영향을 줍니다. 라인암이 위쪽으로 올라가면 ^{상향증류관} 기체화된 낱고올이 승류기로 환류되어 가벼운 특성을 보입니다. 라인암이 아래쪽으로 내려가면 ^{하향증류관} 환류 작용이 줄어들면서 콘덴서 쪽으로 내용물이 빠르게 흘러 보다 무거운 결과물이 나옵니다.

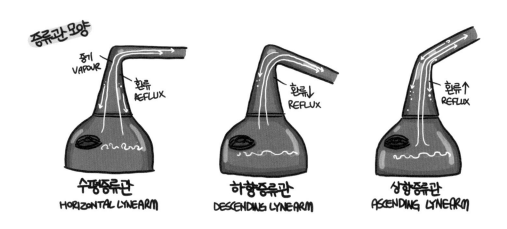

위스키 풍미와 오크통

스카치위스키의 맛과 향에 영향을 주는 가장 큰 요소는 무엇일까요?

위스키와 술의 3가지 핵심 재료인 물, 보리^{곡물}, 효모를 비롯해, 이 재료들이 위스키 원액이 되기까지 발효, 몰팅, 피팅, 증류 등의 모든 과정을 거친 결과물인 증류주^{스피릿}가 위스키 풍미의 20~60%를 차지한다고 보고 있습니다. 그리고 숙성 기간이 길어질수록 그 영향은 점점 낮아집니다.

많은 위스키가 적어도 연 단위로 오랜 기간 숙성된다고 볼 때, 오크통 숙성에서 오는 영향은 40%에서 많게는 80%까지 증가합니다. 물론 사용하는 오크통에 따라 큰 차이를 보이겠지만요. 따라서 오크통에서의 숙성은 위스키 풍미를 결정하는 가장 큰 요소라고도 할 수 있습니다. 스카치위스키는 법적으로 3년 이상 숙성해야 하며, 보통 더 길게 숙성하므로 특히 더 그렇습니다.

스카치위스키에서 뺄 수 없는 아주 중요한 오크통이 바로 셰리 와인 오크통 이하 '셰리 캐스크'입니다. 셰리 와인을 담았던 셰리 캐스크는 현재 주류 시장에서 위스키의 가격을 결정하는 가장 큰 요소가 되었습니다.

셰리 캐스크가 특별한 이유는 무엇일까요? 왜 셰리 캐스크의 값어치는 계속 오르는 것일까요? 지금부터 그 이유를 알아보겠습니다.

셰리 와인과 셰리 캐스크

다른 술을 담았던 오크통을 위스키 숙성에 재사용하기 시작한 건, 셰리 와인과 그 밖의 주정강화 와인을 담았던 셰리 캐스크 Sherry Cask 덕분이었습니다. 셰리 와인을 담았던 오크통이 영국으로 들어와 소비되었고, 남은 오크통은 스코틀랜드에서 위스키를 숙성시키는 데 이용되었죠. 셰리 와인의 인기로 인해 셰리 캐스크도 많이 사용되었기 때문에 셰리 와인을 담았던 오크통의 풍미가 스카치위스키를 대표하게 되었습니다.

■ 주정강화 와인

주정강화 와인Fortified Wine은 대항해 시절부터 항해에서 없어선 안 되는 중요한 물품이었습니다. 당시 유럽에서는 긴 항해나 다른 나라의 수출 중에 와인이 변질하는 것을 막기 위해 도수를 높일 목적으로 와인에 주정증류주을 넣었는데, 이를 '주정강화 와인'이라고 합니다.

스페인 인근의 나라들도 주정강화 와인을 생산했으며 포르투갈의 포트 와인을 비롯해 마데이라 와인, 마르살라 와인 등 대부분 생산지의 이름으로 부르게 되었습니다.

■ 셰리

다른 주정강화 와인처럼 셰리Sherry는 스페인 지역 헤레스의 영문 이름입니다. 스페인어로는 'Jerez', 'Xerez'로 표기되는데 요즘은 'Sherry', 'Jerez',

'Xerez'를 모두 표기하는 것을 표준으로 하지요. 즉, 셰리 와인은 헤레스셰리 인근에서 제조된 주정강화 와인입니다.

1800년대 초 유럽에 어느 정도 평화가 찾아왔고

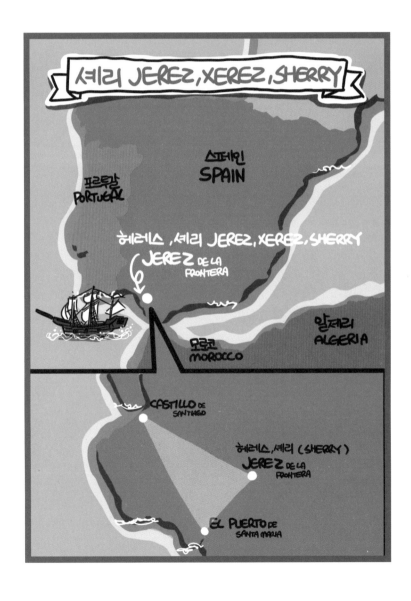

1850년대 중반까지 연간 수출되던 와인통은 3만 개를 넘었습니다. 이 당시 셰리 와인과 포트 와인의 90%는 영국으로 수입되었습니다. 덕분에 수많은 셰리 캐스크가 영국으로 들어왔죠.

물론 영국이 소비하는 것도 있었지만, 주로 영국에서 보관·병입되어 다른 나라들로 수출되었습니다. 새로운 와인과 오래된 와인을 섞는 솔레라 시스템을 위해 사용한 게 아니라, 대부분 단순 운반에 셰리 캐스크를 사용했습니다. 솔레라 시스템에 관해서는 뒤에서 더 자세히 살펴보겠습니다.

헤레스 지역에서 셰리 와인을 운반하는 동안 보관하기 위해 셰리 캐스크를 사용했는데, 이 안에서 셰리 와인이 몇 개월에서 많게는 몇 년까지 숙성되었습니다. 통을 되돌려 보내는 것도 어려웠기 때문에 자연스럽게 이 통에 위스키를 보관·숙성하게 되었고, 셰리의 풍미가 더해져 위스키 특유의 풍미를 만들게 되었습니다.

■ 셰리 와인의 포도 품종

셰리 와인은 대부분 '팔로밀로'라는 포도 품종으로 만들며, 소량의 페드로히메네즈와 모스카텔 품종을 사용해 만듭니다. 팔로밀로가 약 98%를 차지하며 페드로히메네즈가 1%, 모스카텔이 0.5%를 차지합니다.

필록세라 진드기가 유럽의 포도 나무를 황폐화시켰던 19세기의 필록세라 사태 이후, 팔로밀로 품종으로 대부분의 셰리 와인을 만들게 되었습니다. 페드로히메네즈와 일부 모스카텔은 전통적으로 햇볕에 말린 건포도 상태에서 으깬 후 즙을 짜내어 당분을 끌어올리는 방식으로 와인을 만들고 있습니다. 이런 공정을 '아솔레오'라고 부릅니다.

셰리 와인 포도 품종
GRAPE VARIETIES

98%
팔로밀로
PALOMINO

1%
페드로 히메네즈
PEDRO XIMENEZ (P.X.)

0.5%
모스카텔 (머스캣)
MOSCATEL (MUSCAT)

ASOLEO/SOLEO
(SUN DRYING)
햇볕에 말리기

FLOR (FLOWER) 플로르: 꽃
포도주 표면의 미생물 막
(효모)

피노
FINO

올로로소
OLOROSO

■ 셰리 와인의 분류

셰리 와인은 숙성 방식에 따라 피노 Fino 와 올로로소 Oloroso 로
나뉩니다. 영어로 'fine'을 뜻하는 피노는 와인에 주정 포도 중류주
을 약 15%까지 첨가하여 비교적 단맛이 적은 드라이한 셰리 와
인입니다. '플로르'라고 불리는 효모의 하얀 막을 형성해 와인이
산화되는 것을 막고 특유의 맛을 생성하지요.

올로로소는 영어로 'scent'를 의미하며, 18% 이상의 도수18~20%
를 가진 셰리 와인입니다. 높은 알코올 함량으로 효모가 죽으면
서 플로르가 생성되지 않고 산화되어, 더욱 강한 풍미를 가지는
것이 특징입니다.

드라이 DRY   스위트 SWEET

만자니아   피노   아몬틸라도   팔로코타도   올로로소   모스카텔   페드로 히메네즈
MANZALILLA FINO   AMONTILLADO PALO CORTADO OLOROSO MOSCATEL PEDRO XIMENEZ

그밖에 유명한 셰리 와인으로는 다음과 같은 종류
가 있습니다.

• 만자니아(Manzanilla) 만자니아는 영어로 ch-
amomile 캐모마일을 뜻합니다. 피노와 같은 방식으
로 만드는 셰리 와인으로 스페인 남부 도시 산루카
데바라메다에서 생산되는 것이 특징입니다.

• 아몬틸라도(Amontillado) 피노와 같은 방식으로

만들지만 후에 플로르 없이 자연스럽게 산화시켜
만드는 셰리 와인입니다. 알코올 도수가 17~20%
로 피노보다 높습니다.

• 팔로코타도(Palo Cortado) 아몬틸라도처럼 플
로르 안에서 숙성시키다가, 의도치 않게 갑자기 플
로르가 없어지면서 산화되어 만들어진 셰리 와인입
니다.

그 외 스위트 와인으로는 품종 중 하나와 같은 이름인 모스카텔과 페드로히메네즈가 있습니다. 아솔레오 공정으로 생산하는 모스카텔은 'Moscate

de pasas'로 표기하며, 'pasas'는 건포도를 뜻합니다. 페드로히메네즈는 모두 아솔레오 공정으로 생산하며 가장 풍부한 당분을 가지고 있습니다.

■ 솔레라 시스템

솔레라 시스템 Solera System 은 주정강화 와인을 숙성하는 데 사용되는 공정으로 오래된 와인과 새로운 와인을 섞어 균일한 품질을 유지하는 혼합 방식입니다.

와인통 캐스크 은 일반적으로 3개에서 많게는 9개까지 사용하는데, 위쪽의 통에는 새 와인을 넣고 가장 오래된 바닥의 통에서 빼낸 만큼 단계적으로 이동해 균일한 품질을 유지합니다.

솔레라는 '바닥, 아랫돌'을 뜻하고, 솔레라 위쪽 단계의 통은 '끄리아데라'로 부르며 층별로 숫자를 붙여 지칭합니다. 이 시스템에 사용하는 통들은 아

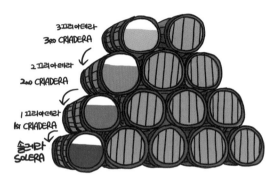

주 오랜 기간, 심지어 100년 이상 활용되며, 통상적으로 위스키 숙성에는 잘 사용하지 않습니다. 일반적으로 위스키 숙성에 사용하는 셰리 캐스크는 이런 시스템으로 숙성된 와인을 옮겼던 통입니다.

셰리 캐스크의 수요와 공급

19세기부터 20세기까지 영국에서 많은 셰리 와인이 소비되면서 셰리 캐스크에서의 위스키 숙성은 스코틀랜드에서 일반적인 방식이 되었습니다.

19세기까지도 셰리 와인은 최종 소비되는 곳까지 셰리 캐스크로 운반되었습니다. 아직 병에 담아 판매하거나 소비되는 것이 일반적이지 않았을 때였죠. 20세기 들어 병에 담겨 판매되었지만, 병입 작업은 영국에서 했기 때문에 병입 후 셰리 캐스크에서의

위스키 숙성도 일반적이었습니다. 하지만 1980년대 스페인의 수출 규정이 바뀌고 셰리 와인은 셰리 지역에서 병입되어야 한다는 법이 시행되면서 셰리 와인을 통에 담아 수출하지 못하게 되었습니다. 셰리 캐스크의 풍미를 대체할 만한 것이 없었고, 셰리 와인의 수요도 크게 줄었기 때문에 보데가 와인 창고. 와인 판매점 들은 위스키 숙성을 위한 오크통을 제작하고자 셰리 와인을 제조하기 시작했습니다.

셰리 캐스크를 생산하기 위한 목적으로 셰리 와인을 만들고 나면, 일명 시즈닝양념하기이라 불리는 일정 기간 동안 셰리 와인을 숙성합니다. 즉, 위스키 통에 셰리 와인의 풍미를 입히는 것이죠. 이때는 아무래도 품질이 좀 떨어지는 셰리 와인을 사용했을 것입니다. 일정 기간 숙성하고 난 뒤 셰리 와인은 저가에 판매하거나, 식초와 같은 식품으로 제조되기도 했습니다. 현재 대부분의 스카치위스키가 숙성되는 셰리 캐스크는 이런 방식으로 만들어지고 있습니다. 셰리 와인의 소비가 감소한 만큼, 이러한 셰리 캐스크의 생산은 하나의 산업이 되어 진행되고 있지요.

■ 파사레트

19세기 후반부터 셰리 와인의 인기가 낮아지면서 영국으로 들어오는 셰리 캐스크도 줄어들었습니다. 그러자 블렌더의 왕이라 불렸던 W.P. 로우리가 미국에서 들여온 나무로 제작한 오크통에 페드로

과거 셰리 와인의 운반에는 주로 스페인산 유러피안 오크가 사용되었는데, 현재 스페인산 유러피안 오크는 소수 증류소에서만 사용할 정도로 구하기 어렵습니다. 따라서 오늘날 시즈닝 방식의 셰리 캐스크의 제작에는 아메리칸 오크를 많이 사용하고 있습니다. 그 때문에 셰리 캐스크도 유러피안 오크, 스페인산 유러피안 오크, 아메리칸 오크로 구분되어 가격 차이가 나기 시작했습니다. 셰리 캐스크 표기에 관한 것은 법적인 의무가 아니므로 위스키 제조사들은 캐스크에 대한 정보를 잘 알리지 않고 두루뭉술하게 넘어가고 있습니다.

히메네즈, 올로로소, 포도주스 원액 등을 졸여 만든 파사레트Paxarette 와인을 넣어 일종의 셰리 캐스크를 만들었고, 이런 방식은 관행이 되어 은밀히 지속되었습니다. 몇 차례 사용했던 통에도 파사레트를 채워 넣고 압력으로 가하는 방식으로 다시 셰리

의 풍미를 더했습니다. 무분별하게 사용되던 이 방식은 1990년부터 스카치위스키에는 사용할 수 없게 되었습니다.

과거 위스키의 풍미가 현재 위스키의 풍미보다 높게 평가되는 이유가 파사레트 때문이었다는 의견과 함께, 파사레트가 과거 셰리 와인 풍미의 묘약이라는 농담 섞인 표현도 나오고 있지요. 여러 오크통의 도입에 점점 관대해지는 만큼 이 묘약에 대한 관심도 조금씩 더해지고 있는 듯합니다.

다양한 오크통의 사용

전체 위스키 시장이 꾸준하게 성장하고 있는 가운데, 싱글몰트 위스키를 선두로 한 특색 있는 위스키 시장은 더욱 빠르게 성장하고 있습니다. 그로 인해 다양한 풍미를 주고자 여러 종류의 오크통을 사용하는 것이 일반적이게 되었습니다. 흔히 볼 수 있는 버번 캐스크에서 숙성한 뒤 셰리 캐스크에서 숙성하는 캐스크 피니싱Cask Finishing에 여러 오크통, 심지어 다양한 크기의 테킬라 캐스크까지 사용하는 것처럼, 위스키의 개성과 풍미를 만들기 위한 노력이 이어지고 있습니다.

그러나 여러 가지 오크통을 사용하는 가장 큰 이유는 셰리 캐스크의 공급이 원활하지 않기 때문입니다. 물론 위스키의 다양한 풍미를 찾고 개성 있는 위스키들을 만들기 위한 노력도 있겠지만, 아무래도 부족한 셰리 캐스크의 수요를 충당하기 위한 현실적인 대안들로 보입니다. 아직은 말이죠.

그동안 위스키를 찾는 수요는 대부분 적당한 가격, 균일한 품질, 쉬운 접근을 요구했으나, 점차 특색 있고 특별하며 값진 것을 바라는 수요도 늘어나고 있습니다. 셰리 캐스크의 인기도 그런 수요의 요구와 관계가 있는 듯합니다. 카발란의 스완 박사가 고안한 STR'SShaved, Tosted, Re-Charred 방식, 즉 깎고 굽고 다시 태우는 방식도 결국 적은 비용과 시간으로 좋은 결과를 얻기 위함이죠.

현재 위스키의 90~95% 이상은 아메리칸 오크로 만든 통에서 숙성되고 있습니다. 특정 오크통이 인기 있는 이유 중 하나는 분명 희귀성 때문이 아닐까 생각합니다. 그러나 또 언제, 어떻게, 어느 곳으로 위스키의 유행이 움직일지는 아무도 모릅니다. 과연 어떤 스타일의 위스키들이 탄생하고 관심을 받을지, 한참 후의 위스키가 무척이나 궁금해지네요.

CHAPTER 02

스카치위스키 생산 지역

스카치위스키는 사용한 재료나 증류소별 위스키의 혼합 여부에 따른
분류 이외에도 다음과 같이 생산 지역을 5곳으로 나누어 분류할 수
있습니다.

스코틀랜드
SCOTLAND

- **하이랜드** Highland
- **로랜드** Lowland
- **스페이사이드** Speyside
- **캠벨타운** Campbeltown
- **아일레이 · 아일라** Islay

각 지역에서 생산된 위스키들은 공통점도 있지만 각각의 개성도
가지고 있습니다. 지역으로 각 증류소의 위스키를 모두 특정할 수는
없지만 통상적인 생산 지역별 특성에 대해 살펴보겠습니다.

HIGH LAND 하이랜드

SPEY SIDE 스페이사이드

LOW LAND 로랜드

ISLAY 아일레이

CAMPBELTOWN 캠벨타운

스페이사이드

스페이사이드Speyside는 스페이만까지 이어지는 스페이강 옆쪽을 뜻하며, 수많은 증류소가 있는 곳이기도 합니다. 스페이의 어원은 확실하지 않지만 계곡을 따라 흐르는 물에 침 같은 거품이 있어, 침spit이라는 말에서 유래되었다는 설이 널리 퍼져 있습니다. 거품이 생기는 부드럽고 깨끗한 물이 풍부한 곳이었기 때문에 자연스럽게 많은 증류소가 생겼습니다. 현재 스코틀랜드 증류소의 절반가량인 50

여 곳의 증류소가 이 지역에 있으며, 싱글몰트 스카치위스키의 60% 이상이 이곳에서 생산됩니다. 유명한 싱글몰트 위스키들은 대부분 이곳 스페이사이드의 위스키라고 생각해도 좋을 정도로 가장 많은 위스키 증류소가 있는 지역입니다.

그렇다면 스페이사이드의 어떤 증류소에서 어떤 위스키들이 태어나고 있을까요? 스페이사이드의 위스키를 살펴보겠습니다.

Glenfiddich
글렌피딕
SINGLE MALT SCOTCH WHISKY

- 증류주
- 위스키
- 1887년 설립
- 판매 1위
  싱글몰트 스카치위스키
- 최초 싱글몰트위스키
  (한 곳의 증류소에서 증류)
- 사슴계곡을 의미
  FIDDICH   GLEN
- 영국 스코틀랜드
  (스카치위스키)
- 40%
- 윌리엄그랜트 앤 선즈 소유
  (가족소유 겸영)

글렌피딕 15년 싱글몰트 스카치위스키
GLENFIDDICH 15 YEARS SINGLE MALT SCOTCH WHISKY

글렌피딕은 가장 많이 팔리는 싱글몰트 스카치위스키이며, 적극적인 홍보를 통해 해외에 판매하기 시작한 최초의 싱글몰트 위스키이기도 합니다. 그 때문에 최초의 싱글몰트 위스키로 알려져 있지요. 소유 사인 윌리엄 그랜트 앤 선즈는 윌리엄 그랜트가 처음 설립한 이후 지금까지 계속 가족 경영으로 운영되고 있습니다. 재고 비축으로 적절한 가격과 품질을 유지하며 싱글몰트 위스키의 대중화를 이끌었습니다. 글렌피딕 15년은 국내에서 쉽게 구매할 수 있고, 적당한 가격, 크게 치우치지 않은 풍미로 기준점이 되기 좋은 싱글몰트 위스키가 아닐까 생각합니다.

THE GLENLIVET
글렌리벳
SINGLE MALT SCOTCH WHISKY

- 증류주
- 위스키
- 싱글몰트
  스카치위스키
- 1824년 설립
  정식 등록 증류소
- 셰리 오크
- "THE"는 글렌리벳만 사용
  (글렌리벳은 누구나 사용)
- 리벳(강이름)의 계곡
- 12년 숙성
- 스코틀랜드 스페이사이드
- 40%
- 페르노리카 소유

더 글렌리벳 12년 싱글몰트 스카치위스키
THE GLENLIVET 12 YEARS SINGLE MALT SCOTCH WHISKY

글렌리벳 증류소는 1824년 정식 등록한 최초의 증류소입니다. 글렌리벳은 글렌피딕 다음으로 많이 판매되는 싱글몰트 위스키이며, 조지 4세가 스코틀랜드에 방문해서 맛보고 극찬한 것으로도 유명합니다. 스코틀랜드에서 증류 합법 시대의 막을 열어 불법 증류업자들과의 마찰도 겪었지만, 결국 다른 증류소들도 하나둘 정식 등록을 하고 '글렌리벳'이라는 이름으로 위스키를 판매하기 시작했습니다. 그러면서 글렌리벳은 스페이사이드의 위스키를 일컫는 대명사가 되었고, 법적 다툼을 통해 고유명사인 '더(The)'는 글렌리벳 증류소의 제품에만 사용할 수 있게 되었습니다.

THE MACALLAN
맥캘란
HIGHLAND SINGLEMALTSCOTCH WHISKY

- 증류주
- 위스키
- 싱글몰트 스카치위스키
- 스페이사이드 (하이랜드)
- 1824년 설립 정식등록 증류소
- 비옥한땅이라는 "MASH" 성 필란을 뜻하는 ELLAN (St. FILLAN)
- 40%
- 12년 숙성
- 셰리오크 캐스크
- 스코틀랜드
- 에딩턴그룹소유

맥캘란 12년 셰리오크 싱글몰트 위스키
MAGALLAN 12 YEARS SHERRY OAK SINGLE MALT WHISKY

맥캘란은 아주 핫한 위스키 중 하나로 세계에서 가장 비싼 위스키란 타이틀을 가지고 있으며, 점점 높이 뛰는 몸값을 자랑하는 위스키입니다. 맥캘란은 셰리 캐스크를 사용하는 것으로 유명합니다. 맥캘란 위스키의 가격 상승은 셰리 캐스크의 공급 부족에 따른 수요 상승과 위스키 가격 상승을 부추기는 마케팅과 더불어, 급격하게 상승하는 세계 경제 정세에 따른 위스키 가격 상승의 원인을 보여주는 대표적인 사례입니다. 많은 애호가들이 과거에 비해 싱거워(?)졌다고는 하지만, 셰리 캐스크에서 12년 숙성한 맥캘란은 여전히 셰리 캐스크의 풍미를 느끼기에 좋은 위스키로 꼽히고 있습니다.

THE BALVENIE
발베니
THE BALVENIE 12YR DOUBLEWOOD

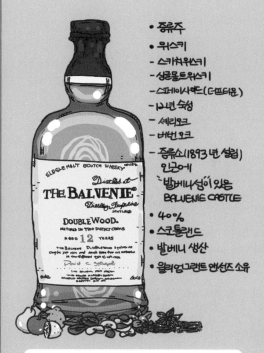

- 증류주
- 위스키
- 스카치위스키
- 싱글몰트위스키
- 스페이사이드(더프타운)
- 12년 숙성
- 셰리오크
- 버번오크
- 증류소(1893년 설립) 인근에 "발베니성"이 있음 BALVENIE CASTLE
- 40%
- 스코틀랜드
- 발베니 생산
- 윌리엄그랜트 앤선즈 소유

발베니 12년 더블우드 싱글몰트 위스키
THE BALVENIE 12 YEARS DOUBLE WOOD SINGLE MALT WHISKY

발베니 증류소는 글렌피딕 증류소가 설립된 후 6년 뒤인 1893년 인근에 지어진 자매격 증류소로, 글렌피딕 증류소처럼 윌리엄 그랜트 앤 선즈의 소유입니다. 발베니 더블우드는 글렌피딕과 더불어 싱글몰트 위스키와의 첫 만남에 자주 추천되는 위스키입니다. 지금은 일반적으로 많이 쓰이는 버번 캐스크에서 숙성한 후 셰리 캐스크에서 짧게 숙성(피니시)하는 방식을 적용했습니다. 발베니 더블우드 12년 제품은 국내에서도 쉽게 만날 수 있으며, 취향을 크게 타지 않고 가격도 무난해서 많은 이들의 사랑을 받고 있습니다.

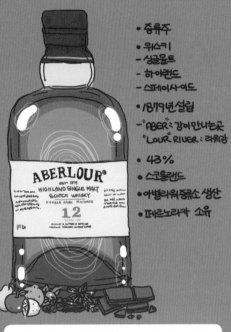

- 증류주
- 위스키
- 싱글몰트
- 하이랜드
- 스페이사이드
- 1879년설립
- "ABER : 강이만나는곳"
- "LOUR RIVER : 라워강"
- 43%
- 스코틀랜드
- 아벨라워증류소 생산
- 페르노리카 소유

아벨라워 12년 싱글몰트 스카치위스키
ABERLOUR 12 YEARS SINGLE MALT SCOTCH WHISKY

아벨라워 증류소는 1879년에 설립되어 클랜 캠벨 블렌디드 위스키 제조에 사용되다가 1975년 프랑스 기업인 페르노리카에 매각되었습니다. 이곳의 위스키들은 현재 거의 싱글몰트 위스키로만 판매하고 있습니다. 순위가 조금 떨어졌다고는 해도 열 손가락 안에 들 정도로 판매가 잘 되는 싱글몰트 위스키로, 크게 튀는 느낌 없이 달콤하고 부드러운 풍미를 가집니다. 12년 제품은 버번 와인과 셰리 와인의 두 오크통에서 숙성되었습니다(셰리 캐스크에서의 숙성으로 마무리). 12년 숙성 제품 외 면세점에서 판매되는 캐스크 스트렝스 위스키인 아부나흐도 국내에서 인기가 있습니다.

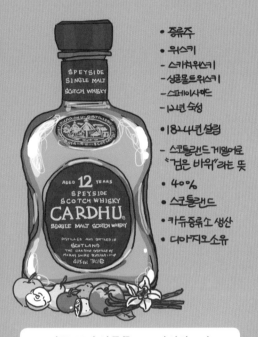

- 증류주
- 위스키
- 스카치위스키
- 싱글몰트위스키
- 스페이사이드
- 12년 숙성
- 1824년설립
- 스코틀랜드게일어로 "검은 바위"라는 뜻
- 40%
- 스코틀랜드
- 카듀증류소 생산
- 디아지오소유

카듀 12년 싱글몰트 스카치위스키
CARDHU 12 YEARS SINGLE MALT SCOTCH WHISKY

스코틀랜드의 스페이사이드 카듀 증류소는 1824년 존 커밍에 의해 설립되어 조니워커에 매각된 후 디아지오의 소유가 되었습니다. 위스키의 인기가 높아지면서 원주(위스키 원액)가 부족해지자 다른 증류소의 원주를 가져다가 섞고 '퓨어몰트'라는 이름을 붙여 판매해 논란이 있었죠. 2005년부터는 다시 '싱글몰트'라 표기하고 싱글몰트 위스키를 생산하고 있습니다. 카듀 증류소에서 생산하는 위스키는 대부분 조니워커에 사용하며, 소량의 싱글몰트 위스키가 출시되고 있습니다. 대표 제품은 12년 숙성 제품으로(오명을 떠나), 균형 잡힌 풍미에 크게 무겁지 않고 부드러운 위스키로 평가받고 있습니다.

GLENFARCLAS
글렌파클라스
105 CASK STRENGTH SINGLE MALT SCOTCH WHISKY

BENRIACH
벤리악
12 YEARS SPEYSIDE SINGLE MALT

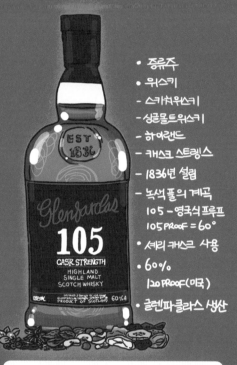

- 증류주
- 위스키
  - 스카치위스키
  - 싱글몰트위스키
  - 하이랜드
  - 캐스크 스트렝스
  - 1836년 설립
  - 녹색 풀의 계곡
    105 - 영국식 프루프
    105 PROOF = 60°
- 셰리 캐스크 사용
- 60%
  120 PROOF(미국)
- 글렌파클라스 생산

- 증류주
- 위스키
  - 스카치위스키
  - 싱글몰트위스키
  - 스페이사이드
  - 12년 숙성
- 1898년 설립
- 빨간사슴의 계곡
  BEN : 산, 계곡 (지명)
- 46%
- 스코틀랜드
- 벤리악 생산
- 브라운 포먼 소유

글렌파클라스 105 CS 싱글몰트 스카치위스키
GLENFARCLAS 105 CS SINGLE MALT SCOTCH WHISKY

글렌파클라스 증류소는 1836년 설립되어 존 그랜트가 매입한 1865년 이후, 지금까지 그랜트 일가의 가족 경영으로 위스키를 만들고 있습니다. 글렌파클라스 105는 1968년 최초로 출시된 캐스크 스트렝스 위스키로 유명합니다. 105는 알코올양 측정 단위인 '프루프(proof)'를 말하며, 영국식 프루프이므로 알코올 도수는 60%입니다(100proof=57.1%. 참고로 미국식 100proof은 알코올 도수 50%). 글렌파클라스는 많은 양의 재고(52,000개 정도의 오크통 분량)를 가지고 있는 것으로 유명하며, 증류기(Sprit Still)도 스코틀랜드에서 가장 크다고 합니다. 글렌파클라스는 셰리 캐스크를 사용하는 위스키로, 셰리의 풍미를 느끼기에 좋아서 일명 셰리밤(Sherry Bomb)으로 불리기도 합니다.

벤리악 12년 싱글몰트 스카치위스키
BENRIACH 12 YEARS SINGLE MALT SCOTCH WHISKY

벤리악 증류소는 1898년에 존 더프가 설립했습니다. 설립 후 2년 뒤에 원액을 매입하던 패티슨 위스키의 파산으로 벤리악은 맥아만 생산해 존 더프가 소유하고 있는 또 다른 증류소인 롱몬 증류소에 공급했습니다. 1965년 글렌리벳에 매각된 이후 다시 증류를 시작했고, 2004년 번 스튜어트의 생산책임자 빌리 워커와 남아공의 두 사업가에게 매각된 이후, 2016년 잭 대니얼을 소유하고 있는 브라운 포먼에 매각되었습니다. 12년 제품은 셰리 캐스크 숙성 제품이었으나 최근 병 디자인을 바꾸고 버번과 셰리, 포트 캐스크에서 숙성한 12년 쓰리 캐스크와 버번과 셰리, 마살라 캐스크에서 숙성하고 피트된 12년 스모키까지 두 가지 제품을 생산하고 있습니다.

- 증류주
- 위스키
- 스카치위스키
- 싱글몰트위스키
- 스페이사이드
- 캐스크 스트렝스
- 10년 숙성
- 1967년 설립
  2017년 빌리워커에
  매각
- 바위의 계곡
  ALLACHIE = 바위
- 58.2%
  (BATCH 3)
- 스코틀랜드
- 글렌알라키 생산

글렌알라키 10년 CS 싱글몰트 스카치위스키
GLENALLACHIE 10 YEARS CS SINGLE MALT SCOTCH WHISKY

글렌알라키 증류소는 1967년에 설립되었습니다. 페르노리카(시바스 리갈)의 소유였던 글렌알라키는 마스터 디스틸러인 빌리 워커가 2017년 매입하고, 2018년 2월 일부 제품(위스키 생산 50년 기념)을 판매한 뒤 같은 해 7월에 정식 제품군을 선보이기 시작했습니다. 빌리 워커가 앞서 소유했던 두 증류소(벤리악, 글렌드로낙)와 비슷한 느낌의 셰리 캐스크 숙성 제품을 주력으로 생산합니다. 빌리 워커가 인수한 뒤 생산을 시작한 초기의 위스키여서 유명세가 더해진 점도 있지만 시장에서 좋은 반응을 얻으며 주목받는 위스키입니다. 정식 제품 외에도 다양한 오크통(라이, 버번, 와인 등) 숙성 제품을 생산하고 있습니다. 글렌알라키 위스키는 국내에도 정식 출시되었습니다.

- 증류주
- 위스키
- 스카치위스키
- 싱글몰트위스키
- 스페이사이드
- 1869년 설립
- 게일어로 큰바위로의미
  증류소 인근의 산이름
- 40%
- 스코틀랜드
- 크래겐모어 생산
- 디아지오 소유

크래겐모어 12년 싱글몰트 스카치위스키
CRAGGANMORE 12 YEARS SINGLE MALT SCOTCH WHISKY

크래겐모어 증류소는 스페이사이드의 발린들록(Ballin-dalloch)에 위치해 있습니다. 맥캘란, 글렌리벳 등의 증류소에서 일한 경험을 가진 설립자 빅 존 스미스는 스페이강과 크래겐모어 개울의 물, 그리고 발린들록 기차역 덕분에 유통 운반에 적합한 지리적 요건을 고려해 1869년 이곳에 자리 잡았다고 합니다. 크래겐모어의 위스키 원액은 디아지오의 블렌디드 위스키인 조니워커, 올드파, 화이트호스에 사용됩니다. 싱글몰트 위스키로는 디스틸러 에디션 등이 있고, 주력 제품인 12년 숙성 위스키는 디아지오 클래식 몰트 시리즈 중 하나입니다.

- 증류주
- 위스키
- 스카치위스키
- 싱글몰트위스키
- 스페이사이드
- 1840년 설립
- 10년 숙성
- 설립자
  존, 제임스 그랜트형제
  (JOHN&JAMES GRANT)
- 40%
- 스코틀랜드
- 글렌그랜트 생산
- 캄파리그룹 소유

- 증류주
- 위스키
- 스카치위스키
- 싱글몰트위스키
- 스페이사이드(더프타운)
- 12년 숙성
- 각각의, 독신, 단일
  한번에하나씩
- 글렌오드
- 글렌둘란
  3개의 증류소에서 생산
- 40%
- 스코틀랜드
- 더프타운 증류소 생산
- 디아지오소유

글렌 그랜트 10년 싱글몰트 스카치위스키
GLEN GRANT 10 YEARS SINGLE MALT SCOTCH WHISKY

싱글톤 더프타운 12년 싱글몰트 스카치위스키
SINGLETON 12 YEARS SINGLE MALT OF DUFFTOWN

글렌 그랜트는 1840년에 그랜트 형제가 스페이사이드의 로더스 지역에 설립한 증류소입니다. 그들의 뒤를 이어 당시 25살이던 제임스의 아들이 증류소를 물려받았는데, '더 메이저(The Major)'라는 호칭으로 불린 2대 메이저 그랜트는 새로운 아이디어를 실행하는 데 주저함이 없었다고 합니다. 이후 증류소는 통폐합을 통해 2006년 캄파리 그룹에 매각되었습니다. 글렌 그랜트 위스키는 두 손으로 꼽을 정도로 많이 팔리는 싱글몰트 위스키입니다. 2대 메이저 그랜트의 호칭을 빌려 이름 지은 그랜트 리저브와 10년 숙성 제품이 주력 제품이지요. 10년 숙성 제품은 큰 특징 없이 무난하다는 평을 받는 위스키로 국내에서도 어렵지 않게 접할 수 있습니다.

싱글톤 위스키는 싱글톤 증류소에서 생산될 것으로 생각하기 쉽지만, 사실은 디아지오 소유의 증류소 3곳(글렌오드, 더프타운, 글렌둘란)에서 각각 생산하는 싱글몰트 위스키를 말합니다. 선호도를 고려해서 한국 등 아시아에는 글렌오드에서, 유럽에는 더프타운에서, 북미에는 글렌둘란에서 싱글톤이 공급되어, 지역에 따라 같은 이름의 다른 싱글톤을 만나는 재미를 선사합니다. 그러나 점차 지역에 상관없이 다른 증류소의 싱글톤 제품을 쉽게 접할 수 있게 되었고, 얼마 전부터 우리나라에서도 글렌오드 외의 싱글톤들을 만날 수 있게 되었습니다. 싱겁고 밍밍하다는 평도 있지만 그만큼 부드럽고 순하며, 가성비도 좋은 위스키로 꼽힙니다.

글렌로시스 메이커스 컷 싱글몰트 스카치위스키
GLENROTHES MAKERS CUT SINGLE MALT SCOTCH WHISKY

올트모어 12년 싱글몰트 스카치위스키
AULTMORE 12 YEARS FOGGIE MOSS SINGLE MALT SCOTCH WHISKY

글렌로시스는 제임스 스튜어트가 여러 주변인의 도움을 받아 1878년 로시스에 설립한 증류소입니다. 증류소는 강(시내)으로 나뉘어 있는데 화재를 세 차례 겪은 역사가 있습니다. 이 증류소의 제품은 초기부터 위스키 블렌더들에게 명성이 높았으며 1987년까지는 생산되는 위스키의 전량이 블렌더들과 독립병입자에게 제공되었고, 지금도 커티삭과 페이머스 그라우스 제조에 사용되고 있습니다. 글렌로시스의 주요 제품군을 솔레오 시스템이라 부르며, 이는 페드로 히메네즈의 포도 건조 방식에서 빌려온 이름입니다. 메이커스 컷은 숙성 연수 미표기(NAS, No Age Statement) 제품으로 퍼스트필 셰리 캐스크에서 숙성하고 있습니다.

큰 강(시내)을 뜻하는 올트모어는 1897년 알렉산더 에드워드가 설립한 증류소입니다. 한때 패티슨의 소유였다가 여러 곳을 거치며 생산을 중단 · 재개했으며 듀어스에게 매각되어 현재는 바카디의 소유입니다. 올트모어 위스키는 듀어스가 구매하는 조건 중 하나였으며, 지금도 바카디 소유의 블렌디드 위스키인 듀어스 제조에 사용되고 있습니다. 올트모어 12년 숙성 제품은 버번 캐스크에서 숙성한 가벼운 과일 풍미의 위스키로 2014년에 출시했습니다.

- 증류주
- 위스키
- 스카치위스키
- 싱글몰트위스키
- 스페이사이드
- 1897 설립
  엘긴 웨스트 브루어리
  (1830)
- LABEL 5 위스키에 사용
- 40%
- 글렌모레이 생산
- 라 마르티니케즈 소유
  LA MARTINQUAISE

- 증류주
- 위스키
- 스카치위스키
- 싱글몰트위스키
- 스페이사이드
- 1898년 설립
  (1998년 재개장)
- 로마산 봉우리
  ROMACH HILL (PEAK)
- 퍼스트 필 캐스크
- 43%
- 벤로막 생산
- 고든 앤 맥페일소유
  (GORDON AND MACPHAIL)

글렌모레이 12년 싱글몰트 스카치위스키
GLENMORAY 12 YEARS SINGLE MALT SCOTCH WHISKY

글렌모레이 증류소는 1897년에 정식으로 설립되었으나 이전부터 양조장으로 사용되고 있었습니다. 스카치위스키 산업의 위기로 1910년에 생산이 중단되었고, 1923년 글렌모렌지(모에헤네시)에 매각되었습니다. 2008년 라 마르티니케즈로 매각되었고, 현재는 라벨 5 위스키 제조에 사용되고 있습니다. 주력 위스키로 12년 제품과 여러 캐스크 피니시가 있는 엘긴 클래식 제품이 있으며, 국내에도 정식 수입되고 있습니다. 12년 숙성 제품은 버번 캐스크에서 숙성되어 버번 캐스크의 일반적인 풍미를 느낄 수 있습니다.

벤로막 10년 싱글몰트 스카치위스키
BENROMACH 10 YEARS SINGLE MALT SCOTCH WHIKSY

벤로막 증류소는 1898년에 설립되었습니다. 여러 곳을 거쳐 1983년에 문을 닫고 방치되다. 10년 후인 1993년에 고든 앤 맥페일에 매입되어 1998년에 재개장했습니다. 벤로막은 스페이사이드 지역에서 가장 작은 증류소로, 많은 부분이 수작업으로 이루어지며 퍼스트필 셰리 캐스크와 버번 캐스크를 사용합니다. 일반적인 스페이사이드 지역 증류소들의 제품과는 다르게 어느 정도 피트 처리가 되어 스모키함도 느낄 수 있습니다. 2009년에 출시된 10년 제품이 주력 제품으로, 재개장 이후 숙성 연수를 채우고 출시되었습니다. 2020년 새로운 디자인으로 병이 교체되었고 국내에도 정식 수입되어 판매되고 있습니다.

- 증류주
- 위스키
- 스카치 위스키
- 싱글몰트 위스키
- 스페이사이드
- 1891년 설립
- "바위언덕" (ROCKY HILL)
- 13년 숙성
- 2014년 출시
- 46%
- 크라이겔라키 생산
- 바카디 소유

- 증류주
- 위스키
- 스카치 위스키
- 싱글몰트 위스키
- 스페이사이드
- 1823년 설립
- "볼 모양의 계곡" (BOWL)
- 16년 숙성 (DISTILLERS DRAM)
- 2018년 출시
- 43.4%
- 몰트락 생산
- 디아지오 소유

크라이겔라키 13년 싱글몰트 스카치위스키
CRAIGELLACHIE 13 YEARS SINGLE MALT SCOTCH WHISKY

몰트락 16년 싱글몰트 스카치위스키
MORTLACH 16 YEARS SINGLE MALT SCOTCH WHISKY DISTILLERS DRAM

크라이겔라키 증류소는 1891년 설립되었습니다. 크라이겔라키는 '바위 언덕'이라는 뜻으로 스페이사이드 지역의 한 절벽 이름입니다. 1998년 존 듀어 앤 선즈에 인수되었고 현재 바카디의 소유입니다. 크라이겔라키 위스키는 주로 블렌디드 위스키인 듀어스의 제조에 사용되었습니다. 2004년에 14년 숙성 제품인 싱글몰트 위스키를 출시했고, 13년 숙성 제품은 2014년에 출시했습니다. 약간의 훈연향에 바닐라향, 알싸한 향료의 풍미를 가진 위스키로 국내에서는 제주 면세점에서 판매하고 있습니다.

몰트락 증류소는 1823년 설립된 더프타운의 첫 번째 합법 증류소입니다. 1923년 존 워커 앤 선즈(조니워커)에 인수되었고 조니워커 위스키 제조에 사용되고 있습니다. 6개의 증류기(스틸 3개, 스피릿 3개)로 2번 증류와 4번 증류가 섞여 2.81회 증류하는 조금 독특한 방식으로 제조합니다. 2018년에 12년, 14년, 16년 그리고 20년 제품이 정비되어 출시되었고, 16년 숙성 제품은 '디스틸러스 드림'이라는 소제목으로 표기되었으며(다른 3가지 제품들도 소제목이 있습니다). 셰리 캐스크에서 숙성되어 셰리의 풍미를 느끼기에 좋은 위스키입니다. 국내에도 정식 출시되어 어렵지 않게 만날 수 있습니다.

TAMDHU
탐듀
12 YEARS SINGLE MALT SCOTCH WHISKY

SPEYBURN
스페이번
10 YEARS SINGLE MALT WHISKY

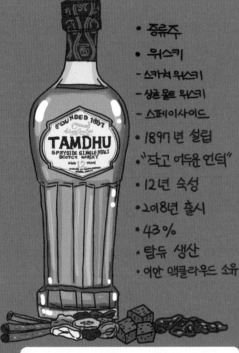

- 증류주
- 위스키
  - 스카치 위스키
  - 싱글몰트 위스키
  - 스페이사이드
- 1897년 설립
- "작고 어두운 언덕"
- 12년 숙성
- 2018년 출시
- 43%
- 탐듀 생산
- 이안 맥클라우드 소유

- 증류주
- 위스키
  - 스카치 위스키
  - 싱글몰트 위스키
  - 스페이사이드
- 1897년 설립
- "스페이강의 지류"
  (GRANTY BURN)
- 10년 숙성
- 40%
- 스페이번 생산
- 인터베브 소유
  (INTERNATIONAL BEVERAGE)

탐듀 12년 싱글몰트 스카치위스키
TAMDHU 12 YEARS SINGLE MALT SCOTCH WHISKY

스페이번 10년 싱글몰트 스카치위스키
SPEYBURN 10 YEARS SINGLE MALT SCOTCH WHISKY

탐듀 증류소는 1897년에 설립되었습니다. 몇 차례 증류소 문을 열고 닫던 중, 2012년 이안 맥클라우드 증류소에 인수되어 현재까지 위스키를 생산하고 있습니다. 2018년 공식 제품들을 정비해 판매하고 있으며, 국내에도 정식 수입되어 조금씩 알려지고 있습니다. 정식 제품 모두 셰리 캐스크 숙성 제품으로 셰리 풍미와 독특한 병 디자인이 특징입니다. 12년 제품도 셰리의 풍미를 느끼기에 좋은 위스키입니다.

스페이번 증류소는 1897년 존 홉킨스가 설립했으며 증류소는 파고다 지붕의 존 헤이그가 설계했습니다. 1916년 DCL에 매각된 이후 1992년에 아녹, 올드풀티니 등을 소유한 태국의 인터베브(인터내셔널 베버리지 홀딩스)에 인수되었습니다. 미국에서 10위권 이내로 많이 팔리는 싱글몰트 위스키지만, 다른 싱글몰트 위스키에 비해 많이 알려지지 않았던 위스키입니다. 얼마 전부터 국내에도 정식 수입되어 판매되고 있습니다. 주력 제품인 10년 숙성 제품은 개성 없이 무난한 버번 캐스크 풍미를 가진 제품입니다. 비교적 저렴한 싱글몰트 위스키로 인기 있으며 국내에도 저렴한 가격으로 판매되고 있습니다.

하이랜드

스코틀랜드의 북부 지역인 하이랜드는 위도상으로도 높은 곳에 있으며, 높은 지대가 많아 하이랜드 Highland로 불립니다. 공식적으로 분류되지 않는 여러 섬 오크, 주라, 스카이, 아런, 멀, 루이스앤헤리스와 같은 섬들은 섬 지역으로 따로 구분되기도 합니다. 섬을 포함한 넓은 지역이다 보니 다양성이 오히려 특징이라고 할 수 있습니다. 가장 높은 위도에 있는 증류소인 하이랜드 파크를 비롯해 달모어, 탈리스커, 달휘니, 글렌드로낙, 글렌고인 아버펠디 등 다양한 개성을 가진 40여 개의 증류소가 있습니다.

- 증류주
- 위스키
- 스카치위스키
- 싱글몰트위스키
- 1843년 설립
  1O년 숙성 1OYEARS
- 스코틀랜드게일어
  '고요의계곡'
- 아메리칸 오크 캐스크
  (버번 캐스크)
- 40%
- 스코틀랜드
- 루이비통모에헤네시

글렌모렌지 오리지널 10년 싱글몰트 스카치위스키
GLENMORANGIE ORIGINAL 10 YEARS SINGLE MALT SCOTCH WHISKY

하이랜드의 테인 지역에 위치한 글렌모렌지 증류소는 오래
전부터 위스키를 생산해오던 지역 양조장을 윌리엄 매더슨
이 구매한 후, 1843년 정식으로 등록하고 1849년부터 위스
키를 생산했던 것에서 시작했습니다. 그러다 1887년 증류
소가 매각·정비되며, '글렌모렌지'라는 이름을 사용했습니
다. 초창기 싱글몰트 위스키 판매가 성공적으로 이루어져
성장하던 중, 2004년 LVMH(루이비통 모에헤네시)에 매각
된 이후 많은 변화와 함께 더욱 성장했습니다. 지금은 다섯
손가락에 꼽을 정도로 많은 위스키가 판매되는 증류소입니
다. 주력 제품은 '오리지널'이라는 이름을 더한 10년 제품이
며, 새롭게 바뀐 병 디자인과 어울리는 과일향 그리고 무난
한 풍미를 지닌 위스키입니다.

- 증류주
- 위스키
- 스카치위스키
- 싱글몰트위스키
- 하이랜드
- 1826년설립
- 드로낙 협곡 (계곡)
  GLEN "DRONACH"
- 셰리캐스크 사용
- 43%
- 스코틀랜드
- 글렌드로낙 생산
- 브라운 포맨소유
  (벤리악)

글렌드로낙 12년 싱글몰트 스카치위스키
GLEN DRONACH 12 YEARS SINGLE MALT SCOTCH WHISKY

1826년 설립된 글렌드로낙 증류소는 여러 곳을 거치며 벤
리악 소유가 되었고, 벤리악이 브라운 포맨에 매각되면서
브라운 포맨의 소유가 되었습니다. 글렌드로낙 증류소는
스페이사이드 지역 인근에 있는데, '드로낙'은 증류소 내
흐르는 개울의 이름에서 가져왔다고 합니다. 글렌드로낙은
2008년 벤리악이 인수한 뒤 빌리워커가 새 단장해 셰리
캐스크의 풍미를 맛보기 좋은 위스키로 다시 태어났습니
다. 지금은 마스터 블렌더 레이첼 베리의 손을 거쳐 생산되
고 있으며, 주력 제품인 12년 숙성 제품은 올로로소 셰리,
페드로 시메네즈(PX) 셰리 캐스크에서 숙성합니다. 국내에
서도 어렵지 않게 만날 수 있어 셰리의 풍미를 느끼기에
더없이 좋은 위스키입니다.

GLENGOYNE
글렌고인
CASK STRENGTH HIGHLAND SINGLE MALT SCOTCH WHISKY

DALWHINNIE
달위니
DALWHINNIE 15YEARS SINGLE MALT SCOTCH WHISKY

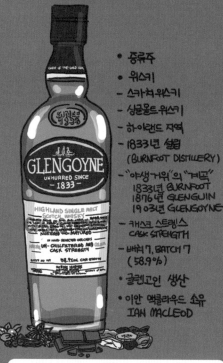

- 증류주
- 위스키
- 스카치 위스키
- 싱글몰트 위스키
- 하이랜드 지역
- 1833년 설립
  (BURNFOOT DISTILLERY)
- "야생거위"의 "계곡"
  1833년 BURNFOOT
  1876년 GLENGUIN
  1903년 GLENGOYNE
- 캐스크 스트렝스
  CASK STRENGTH
- 배치 7, BATCH 7
  (58.9%)
- 글렌고인 생산
- 이안 맥클라우드 소유
  IAN MACLEOD

글렌고인 CS 싱글몰트 스카치위스키
GLENGOYNE CS SINGLE MALT SCOTCH WHISKY

글렌고인 증류소는 1833년에 설립되었으며 2003년 이안 맥클라우드에 매각된 이후 판매량이 크게 증가했습니다. 글렌고인 증류소는 하이랜드 최남단에 있으며 로랜드와 맞닿아 있어 증류는 하이랜드에서, 숙성은 로랜드에서 하고 있습니다. 피트하지 않은 점을 내세우는 위스키로 정식 제품으로는 10년, 12년 캐스크 스트렝스를 비롯해 15년, 18년, 21년, 25년 제품이 있습니다. 글렌고인의 캐스크 스트렝스는 숙성 연수 미표기 제품으로 배치 8까지 생산되었고, 이전까지는 모두 셰리 캐스크에서 숙성했으나 배치 7, 8은 버번 캐스크에서의 숙성도 포함되어 있습니다.

- 증류주
- 위스키
- 스카치 위스키
- 싱글몰트 위스키
- 하이랜드 지역
- 1898년 설립
  하이랜드의 마을이름
- 게일어:
  DAIL CHUINNIDH
  MEETING PLACE
  만남의 장소, 집회소
- 43%
- 스코틀랜드
- 달위니 생산
- 디아지오 소유

달위니 15년 싱글몰트 스카치위스키
DALWHINNIE 15 YEARS SINGLE MALT WHISKY

1898년에 설립된 달위니 증류소는 스코틀랜드에서 가장 높고 추운 곳에 위치하며, 미국 기업에 판매된 첫 번째 스코틀랜드 증류소입니다. 달위니는 게일어로 '만남의 장소' 또는 '집회소'를 뜻한다고 합니다. 목동들이 잠시 쉬어가던 곳이라 그런 이름이 붙었다고 하네요. 여러 소유주를 거치다 현재는 디아지오에 인수되었습니다. 달위니 위스키는 블렌디드 위스키인 블랙 앤 화이트의 제조에 사용됩니다. 대표 제품인 달위니 15년 위스키는 디아지오의 클래식 몰트 6종 시리즈 중 하나로, 달달함과 부드러움이 특징입니다.

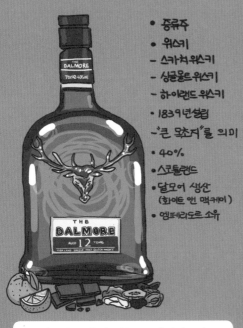

- 증류주
- 위스키
- 스카치위스키
- 싱글몰트위스키
- 하이랜드 위스키
- 1839년 설립
- '큰 목초지'를 의미
- 40%
- 스코틀랜드
- 달모어 생산
  (화이트 앤 맥케이)
- 엠페라도르 소유

- 증류주
- 위스키
- 스카치위스키
- 싱글몰트위스키
- 하이랜드
- 1896년 설립
  (JOHN DEWAR & SONS)
- 12년 숙성 (1999년 출시)
- 하이랜드 퍼스인모스시
- 40%
- 스코틀랜드
- 애버펠디 생산
- 바카디 소유
  (DEWAR'S)

달모어 12년 싱글몰트 스카치위스키
DALMORE 12 YEARS SINGLE MALT SCOTCH WHISKY

애버펠디 12년 하이랜드 싱글몰트 스카치위스키
ABERFELDY 12 YEARS HIGHLAND SINGLE MALT SCOTCH WHISKY

달모어 증류소는 1839년 설립되어 1886년에 맥캔지 가문에 매각되었습니다. 달모어는 '큰 목초지'를 뜻하는 말이며, 위스키병에 그려진 수사슴은 맥캔지 가문의 상징이라고 합니다. 지금은 필리핀의 주류사 엠페라도르(엘리안스 그룹)의 소유인 화이트 앤 맥케이의 증류소입니다. 엠페라도르는 전 세계에서 가장 많이 팔리는 브랜디를 제조하는 회사입니다. 물론 주로 필리핀에서만 팔리지만 말이죠. 단 12개만 생산되었다는 62년 제품이 영화 〈킹스맨〉에 등장하기도 했는데 가격을 떠나 구하기도, 구경하기도 매우 어렵습니다. 12년 달모어는 첫 9년 동안에는 버번 캐스크에, 3년 동안에는 올로로소 셰리 캐스크에서 숙성합니다.

애버펠디는 1896년 존 듀어 앤 선즈가 하이랜드의 에버펠디 지역에 설립하여 1898년 오픈한 증류소로, 유명한 블렌디드 위스키인 듀어스 제조에 사용되고 있습니다. 병목 라벨에 표기된 1846년은 존 듀어 앤 선즈가 설립된 연도입니다. 존 듀어 앤 선즈는 애버펠디 증류소 설립을 통해 직접 위스키를 생산했습니다. 1972년에 DCL에 매각된 뒤 몰팅하지 않고 증류기를 늘리는 방식으로 생산량을 늘렸습니다. 1998년 바카디에 매각된 뒤 증류소를 정비하고 1999년부터 애버펠디 12년 제품을 시작으로 싱글몰트 위스키를 생산하고 있습니다.

OBAN
오반

OBAN 14 YEARS
SINGLE MALT
SCOTCH WHISKY

TALISKER
탈리스커

ISLE OF SKYE SINGLE MALT
SCOTCH WHISKY

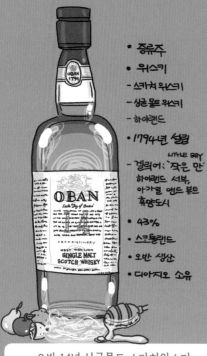

- 증류주
- 위스키
- 스카치 위스키
- 싱글 몰트 위스키
- 하이랜드
- 1794년 설립
- 겔릭어: "작은 만" LITTLE BAY
  하이랜드 서북,
  아가일 앤드 뷰트
  휴양도시
- 43%
- 스코틀랜드
- 오반 생산
- 디아지오 소유

오반 14년 싱글몰트 스카치위스키
OBAN 14 YEARS SINGLE MALT SCOTCH WHISKY

1794년에 설립되어 1799년부터 증류하기 시작한 오반 증류소는 하이랜드 서쪽의 아가일 뷰트에 위치했습니다. 옥토모어(알렉산더 에드워드)에 인수되었고 패티슨 위기로 인해 어려움을 겪다가 존 듀어 앤 선즈에 매각되어 디아지오의 소유가 되었습니다(존 듀어 앤 선즈는 바카디에 매각됨). 오반 위스키는 전체의 20% 정도만 싱글몰트 위스키로 출시되고, 나머지는 블렌디드 위스키에 사용됩니다. 대표 제품인 오반 14년 제품은 디아지오의 클래식 몰트 시리즈 중 하나입니다. 과일향과 달달함, 은은한 피트, 훈연향, 소금향 등이 균형감 있고 부드럽게 어우러져 부담없이 즐길 수 있습니다.

- 증류주
- 위스키
- 스카치 위스키
- 싱글 몰트 위스키
- 하이랜드 스카이섬
- 1830년 설립
- 스카이섬의 지명
- 45.8%
- 스코틀랜드
- 탈리스커증류소 생산
- 디아지오 소유

탈리스커 10년 싱글몰트 스카치위스키
TALISKER 10 YEARS SINGLE MALT SCOTCH WHISKY

탈리스커는 스카이섬의 증류소로 1830년에 맥커스킬 형제에 의해 설립되었습니다. 이후 여러 소유주를 거치다 현재는 디아지오의 소유가 되었습니다. 탈리스커는 오래전부터 싱글몰트 위스키로 판매되었고 1988년에 디아지오의 클래식 몰트 제품 중 하나로 출시되었습니다. 작은 섬 증류소 특유의 풍미를 느낄 수 있으며 어느 정도 차분한 피트, 스모키한 풍미는 다른 아일레이의 피트 위스키들보다 쉽게 익숙해질 수 있습니다. 10년 숙성 위스키는 탈리스커의 대표 제품으로 국내에서도 아주 쉽게 접할 수 있으며, 말이 필요 없는 가성비 좋은 싱글몰트 위스키입니다.

- 증류주
- 위스키
- 스카치 위스키
- 싱글몰트 위스키
- 하이랜드 오크니섬
- 1798년 설립
  하이랜드 파크증류소
- 1979년 출시
  증류소 지역이
  높은곳에 있어
  하이파크라 불렸음
- 43%
- 스코틀랜드
- 하이랜드파크생산
- 에드링턴 그룹 소유
  EDRINTON GROUP

하이랜드 파크 12년 싱글몰트 스카치위스키
HIGHLAND PARK 12 YEARS SINGLE MALT SCOTCH WHISKY

하이랜드 파크는 낮에는 농부이자 성직자(혹은 정육점이나 교회 직원)이면서 밤에는 밀수업자이자 밀주업자인 매그너스 앤슨, 혹은 농부 데이비드 로버트슨이 1798년에 설립했다는 모호한 이야기로 시작합니다. 이후 로버트 버윅이 인수하여 1826년에 정식 허가를 받았습니다. 섬의 피트와 2개의 가마를 이용해 발아하는데, 이는 전체 보리의 20% 정도입니다. 싱글몰트 위스키는 1979년에 출시되었고 12년 제품이었습니다. 주력 제품인 12년 위스키는 적당한 피트, 훈연향과 꽃 그리고 과일의 풍미가 어우러져 균형 잡힌 위스키로 평가받고 있습니다.

- 증류주
- 위스키
- 스카치 위스키
- 싱글몰트 위스키
- 하이랜드 아란섬
- 1995년 설립
- 10년숙성
- 2006년출시
- 무색소첨가,
  냉각여과없음
- 46%
- 아란생산

아란 10년 싱글몰트 스카치위스키
ARRAN 10 YEARS SINGLE MALT SCOTCH WHISKY

19세기만 해도 아란섬의 50여 개가 넘는 증류기가 위스키를 생산(밀수)하던 때도 있었으나, 1837년 라그 지역의 마지막 증류소가 문을 닫으면서 아란섬 증류의 역사는 멈췄습니다. 그 후 여러 위스키 업체에서 책임자로 일했던 헤럴드 쿼리가 우여곡절 끝에 1995년 아란 증류소를 설립하고 첫 캐스크를 채웠지만, 이후 재정난에 투자자들의 도움을 받아야 했고 지분을 넘기게 되었습니다. 2006년에 10년 숙성 위스키를 선보였으며, 2019년에 두 번째 증류소인 라그 증류소를 설립했습니다. 주력 제품인 아란 10년 위스키는 균형감 있고 깔끔한 위스키로 평가받고 있습니다.

CLYNELISH 클라이넬리시
14 YEARS SINGLE MALT WHISKY

- 증류주
- 위스키
- 스카치 위스키
- 싱글몰트 위스키
- 하이랜드
- 1967년 설립
- "정원의 비탈"
- 14년 숙성
- 46%
- 클라이넬리시 생산
- 디아지오 소유

클라이넬리시 14년 싱글몰트 스카치위스키
CLYNELISH 14 YEARS SINGLE MALT SCOTCH WHISKY

클라이넬리시 증류소는 1968년에 설립되었습니다. 1819년에 설립된 같은 이름의 증류소가 있었으나, 조니워커에 사용할 피트 몰트가 필요했기 때문에 새로 설립하여 같은 이름으로 2개의 증류소가 운영되었습니다. 이전 클라이넬리시 증류소는 브로라로 개명되었다가 1983년에 폐쇄되었습니다. 클라이넬리시 증류소는 아일레이의 카오일라 증류소와 똑같이 설계되었고 대부분의 위스키가 조니워커 골든라벨을 비롯해 블렌디드 위스키 제조에 사용됩니다. 주력 제품인 클라이넬리시 14년은 버번과 셰리 캐스크에서 숙성한 과일 풍미의 깔끔한 위스키로 인지도가 조금 떨어져서인지 국내에 발매된 디아지오의 다른 제품에 비해 만나기가 조금 어렵습니다.

DEANSTON 딘스톤
HIGHLAND SINGLE MALT SCOTCH WHISKY

- 증류주
- 위스키
- 스카치 위스키
- 싱글몰트 위스키
- 하이랜드
- 1965년 설립
- "계곡경작지"
- 12년 숙성
- 46.3%
- 딘스톤 생산
- 디스텔 그룹 소유

딘스톤 12년 싱글몰트 스카치위스키
DEANSTON 12 YEARS SINGLE MALT SCOTCH WHISKY

1965년에 설립된 딘스톤 증류소는 1785년에 지어진 방직 공장을 개조해서 사용하고 있습니다. 1974년에 첫 위스키를 병입했고 1982년 생산을 중단했으며, 1990년 번 스튜어트 증류소에 인수되어 재개되었습니다. 현재는 디스텔 그룹의 소유입니다. 딘스톤 증류소의 제품은 국내에도 정식 수입되고 있으며, 주력 제품인 딘스톤 12년은 버번 캐스크에서 숙성하여 전형적인 버번 캐스크 풍미를 가진 위스키입니다. 버번 캐스크에서 오는 풍미의 조화로움과 46.3%라는 다소 높은 도수 덕분에 여운을 느끼기 좋은 위스키입니다.

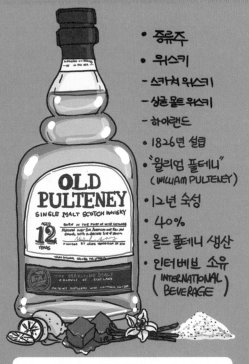

OLD PULTENEY 올드 풀테니
12 YEARS SINGLE MALT SCOTCH WHISKY

- 증류주
- 위스키
- 스카치 위스키
- 싱글몰트 위스키
- 하이랜드
- 1826년 설립
- "윌리엄 풀테니" (WILLIAM PULTENEY)
- 12년 숙성
- 40%
- 올드 풀테니 생산
- 인터베브 소유 (INTERNATIONAL BEVERAGE)

올드 풀테니 12년 싱글몰트 스카치위스키
OLD PULTENEY 12 YEARS SINGLE MALT SCOTCH WHISKY

올드 풀테니는 1826년 풀테니 타운에 설립된 증류소입니다. 풀테니는 항구를 어업항으로 발전시킨 윌리엄 풀테니의 이름을 따서 이름 지어진 마을입니다. 올드 풀테니 증류소는 창맥주로 유명한 인터베브의 소유이며, 인터베브는 스페이번 증류소, 아녹 증류소도 소유하고 있습니다. 올드 풀테니 제품은 증류기 모양의 병 디자인과 조금 짠 풍미로 유명합니다. 12년 숙성 제품은 버번 캐스크에서 숙성하며 달달하고 살짝 짠 풍미의 위스키입니다.

JURA 주라
10 YEARS SINGLE MALT SCOTCH WHISKY

- 증류주
- 위스키
- 스카치 위스키
- 싱글몰트 위스키
- 하이랜드
- 주라섬
- 1810년 설립
- "주라 섬" (ISLE OF JURA)
- 10년 숙성
- 40%
- 주라 생산 (WHYTE & MACKAY)
- 엠페라도르 소유

주라 10년 싱글몰트 스카치위스키
JURA 10 YEARS SINGLE MALT SCOTCH WHISKY

주라는 아일레이섬과 매우 가까운 섬입니다. 주라 증류소는 그 섬에서 하나뿐인 증류소입니다. 1810년에 설립되었고 여러 차례 방치와 복구·증축을 거쳐 1963년에 지금과 같은 모습이 되었습니다. 주라 증류소는 디아지오가 필리핀의 주류 회사 엠페라도르에 매각한 화이트 앤 맥케이 소유의 증류소입니다. 주라는 유독 저평가를 받고 있으며 국내에서는 '남주라'는 농담도 있을 만큼 더욱 박한 대접을 받는 조금 억울한(?) 위스키입니다. 10년 숙성 제품은 버번 캐스크에서 숙성하고 셰리 캐스크에서 피니시하며, 나름의 다양한 풍미를 느낄 수 있는 위스키입니다.

SCAPA 스카파
SKIREN SINGLE MALT SCOTCH WHISKY

- 증류주
- 위스키
- 스카치 위스키
- 싱글 몰트 위스키
- 하이랜드
- 오크니 제도
- 1885년 설립
- "길이가 긴 만" (SCAPA FLOW)
- 숙성년 미표기
- 40%
- 스카파 생산
- 페르노리카 소유

스카파 스키렌 싱글몰트 스카치위스키
SCAPA SKIREN SINGLE MALT SCOTCH WHISKY

스카파 증류소는 스코틀랜드 북단 오크니 제도의 메인랜드 섬에 있으며, 하이랜드 파크 증류소에서 가까운 위치에 있습니다. 1885년 설립된 이후 여러 차례 주인이 바뀌었고, 한때 폐쇄되었다가 2006년부터 다시 생산하고 있는 페르노리카 소유의 증류소입니다. 스키렌은 숙성 연수 미표기 제품으로 2015년 출시되었습니다. 피트 처리를 하지 않은 몰트를 사용하며, 퍼스트필 아메리칸 오크에서 숙성합니다. 과일향과 달달하고 알싸한 맛, 섬 특유의 희미한 바다 풍미를 느낄 수 있는 위스키입니다. 피트 처리한 몰트를 사용한 위스키로는 역시 숙성 연수 미표기 제품인 글란사가 생산되고 있습니다.

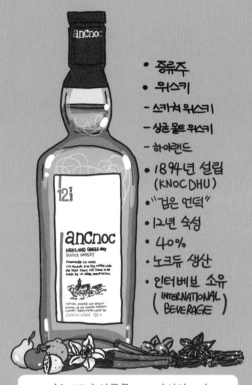

ancnoc 아녹
12 YEARS SINGLE MALT SCOTCH WHISKY

- 증류주
- 위스키
- 스카치 위스키
- 싱글 몰트 위스키
- 하이랜드
- 1894년 설립 (KNOC DHU)
- "검은 언덕"
- 12년 숙성
- 40%
- 노크듀 생산
- 인터베브 소유 (INTERNATIONAL BEVERAGE)

아녹 12년 싱글몰트 스카치위스키
ANCNOC 12 YEARS SINGLE MALT SCOTCH WHISKY

아녹은 노크듀 증류소에서 생산하는 위스키입니다. 노크듀는 '검은 언덕'이라는 뜻인데 지역에서는 '아녹'이라 불리기도 한다고 합니다(뜻은 같음). 증류소는 DLC의 그레인위스키를 생산하기 위해 설립했으며, 20세기 초부터 1983년까지 폐쇄되었다가 1987년에 다시 문을 연 뒤 1989년 인버하우스(인버하우스는 2001년 인터베브에 인수됨)에 매각되었습니다. 싱글몰트 위스키는 1994년부터 출시되었는데, 노크듀와 비슷한 '노칸도'라는 비슷한 이름의 증류소가 있어서 '아녹'이라는 이름을 사용하고 있습니다. 아녹 12년 숙성 제품은 과일향에 달달하고 살짝 알싸한 가벼운 풍미가 특징입니다.

EDRADOUR 에드라두어

10YEARS SINGLEMALT SCOTCH WHISKY

LOCH LOMOND 로크 로몬드

12YEARS SINGLEMALT SCOTCH WHISKY

- 증류주
- 위스키
  - 스카치 위스키
  - 싱글 몰트 위스키
  - 하이랜드
- 1825년 설립
- 두 강의 사이
- 10년 숙성
- 40%
- 에드라두어 생산
- 시그나토리 빈티지소유

에드라두어 10년 싱글몰트 스카치위스키
EDRADOUR 10 YEARS SINGLE MALT SCOTCH WHISKY

에드라두어는 1825년 지역의 농부들이 설립한 증류소입니다. 한때 스코틀랜드에서 가장 작은 증류소였으며 지금도 소량 생산을 하고 있습니다. 페르노리카 소유였으나 독립 병입 회사인 시그나토리 빈티지에 2002년 매각되었습니다. 에드라두어의 대표 제품은 10년 숙성 제품으로 올로로소 셰리와 버번 캐스크에서 숙성되었습니다. 국내에도 정식 수입되어 판매되고 있으나 소량 생산 때문인지 인지도 때문인지는 몰라도 아직까지 상시 판매는 되지 않고 있습니다. 에드라두어 증류소에서는 일주일에 이틀은 발레친 위스키를 생산하고 있습니다.

- 증류주
- 위스키
  - 스카치 위스키
  - 싱글 몰트 위스키
  - 하이랜드
- 1964년 설립
- 로몬드 호수
  (증류소 인근에 있음)
- 12년 숙성
- 46%
- 로크로몬드 생산

로크 로몬드 12년 싱글몰트 스카치위스키
LOCH LOMOND 12 YEARS SINGLE MALT SCOTCH WHISKY

로크 로몬드 증류소는 유명한 로몬드 호수 인근에 위치한 증류소입니다. 로크 로몬드 증류소는 캠벨타운의 글렌스코시아 증류소를 소유하고 있습니다. 1964년에 설립되었고 한 증류소에서 몰트와 그레인위스키를 모두 증류하는 보기 드문 증류소입니다. 단식 증류기 2종과 연속식 증류기 2종, 총 4가지 유형의 증류기를 사용해 여러 유형의 위스키를 생산하고 있습니다. 12년 숙성 싱글몰트 위스키는 버번 캐스크와 리필 캐스크, 그리고 다시 태운 캐스크까지 3종류의 캐스크에서 숙성합니다. 국내에도 정식 수입되어 판매되고 있습니다.

로랜드

하이랜드에 비해 낮은 지역이라는 의미로 로랜드 Lowland 라 불리는 지역입니다. 온화한 기후에 넓게 펼쳐진 평야, 삼림지대로 이루어져 있어 보리를 재배하기 좋습니다. 잉글랜드와도 가까워 접근이 쉬운 지역 특성상 불법 증류소가 없었던 곳이지요.

피트를 사용하지 않아 피트향 없이 가벼운 블렌디드 위스키를 위해 그레인위스키를 대량 생산하는 증류소가 많았던 곳이기도 합니다. 처음에는 3개의 증류소 글렌킨치, 오큰토션, 블라드녹 로 유지되다가 지금은 10여 개의 증류소가 있습니다.

글렌킨치 12년 싱글몰트 위스키
GLENKINCHIE 12 YEARS SINGLE MALT WHISKY

오큰토션 쓰리우드 싱글몰트 위스키
UCHENTOSHAN THREE WOOD SINGLE MALT WHISKY

글렌킨치 증류소는 1837년에 존과 조지 레이트 형제에 의해 설립되었습니다. 1853년에 파산한 이후 제재소로 사용하다가, 1890년에 다시 증류소로 운영되었습니다. 이후 합병 및 인수를 거치며 현재는 디아지오 소유의 증류소가 되었습니다. 글렌킨치 위스키는 헤이그, 딤플 제조에 사용되며, 글렌킨치의 싱글몰트 위스키 중 12년 제품은 1988년에 출시한 디아지오 클래식 몰트 시리즈 중 하나입니다. 상쾌한 꽃향, 과일향, 달달한 풍미와 더불어 크게 무겁지 않아 많은 사랑을 받고 있습니다.

오큰토션 증류소는 1823년에 그리녹의 증류소 제조 기술자인 토른이 설립했습니다. 이후 여러 소유자를 거쳐 보모어의 소유가 되었고, 보모어의 매각으로 현재는 산토리의 소유가 되었습니다. 오큰토션은 3개의 증류기로 3차례 증류하며, 2002년에 출시된 쓰리우드는 3개의 캐스크(버번, 올로로소, 패드로 히메네즈 셰리)에서 숙성합니다. 국내에도 정식 수입되어 판매되고 있습니다.

아일레이

스페이사이드가 스카치위스키의 성지라면, 아일레이^{아일레}는 싱글몰트 위스키의 성지, 혹은 위스키 성지 중의 성지로 불리는 곳입니다. 아일레이에 거주하는 3천 명가량의 인구 대부분이 위스키에 관련된 일을 하고 있다고 하니, 그렇게 불려도 손색없을 듯하네요. 무라카미 하루키의 저서 《만약 우리의 언어가 위스키라고 한다면》^{문학사상사}에 소개된 곳이기도 합니다.

위스키에 관심을 가지다 보면 거치게 되는 것이 싱글몰트 위스키라면, 싱글몰트에 관심을 가지면 결국 거치게 되는 것이 바로 이곳 아일레이에서 태어나는 피트한 위스키입니다. 피트한 위스키로 유명한 아일레이섬의 증류소로는 아드벡, 라가불린, 라프로익, 보모어, 쿨일라, 부나하벤을 비롯해, 한때 문을 닫았다가 다시 개장한 브룩라디가 있습니다. 또한 2005년, 아일레이섬에 124년 만에 새로 설립한 커호만과 가장 최근인 2018년에 설립한 아드나호까지 총 9곳의 증류소가 있으며, 포트앨런 증류소^{1825년 설립}가 재개장을 준비하고 있습니다.

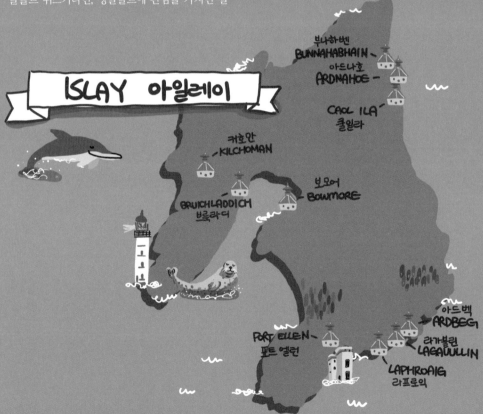

- 증류주
- 위스키
- 스카치 위스키
- 싱글몰트 위스키
- 아일레이
- 1815년 설립
- 1994년 로열워런트수여
  찰스왕세자
- 증류소가 위치한 지명
  "넓게들어간 만"이란 의미
- 43%
- 스코틀랜드
- 빔 산토리소유

라프로익 10년 싱글몰트 위스키
LAPHROAIG 10 YEARS SINGLE MALT WHISKY

라프로익 증류소는 1815년 농부인 도널드와 알렉산더 존스턴 형제가 설립했습니다. 1954년까지 존스턴 가문의 소유였으며 지금은 산토리의 소유입니다. 미국에 금주법이 발효되던 시절, '메디컬 스피릿'이라는 이름으로 미국에 수출되었던 위스키이기도 합니다. 찰스 왕세자가 좋아하는 위스키로도 유명하며, 1994년 영국 왕실의 품질 보증서인 로열 워런트(Royal Warrant)를 수여받았습니다. 대표 제품은 10년 숙성 위스키로 피트와 스모크 풍미를 충분히 느낄 수 있는 제품입니다.

- 증류주
- 위스키
- 스카치 위스키
- 싱글몰트 위스키
- 아일레이
- 1815년설립
- 10년숙성
- 게일어로
  "작은 곳"을 의미
- 46%
- 스코틀랜드
- LVMH 소유

아드벡 10년 싱글몰트 위스키
ARDBEG 10 YEARS SINGLE MALT WHISKY

아드벡 증류소는 1815년에 맥두걸 가문이 설립했습니다. 한때 아일레이에서 가장 컸던 아드벡 증류소는 1977년 하이람 워커에 인수된 이후 몇 번의 폐·개장을 반복하다가 1997년에 그렌모렌지에 인수되었으며, 현재는 LVMH의 소유입니다. 강한 피트 풍미로 유명한 아드벡의 대표 제품은 아드벡 10년 제품으로 향료, 초콜릿 풍미와 강한 피트, 스모크 풍미가 조화로운 위스키입니다.

- 증류주
- 위스키
- 스카치 위스키
- 싱글몰트 위스키
- 아일레이
- 1816년 설립
- "방앗간의 분지"라는 뜻
- 43%
- 스코틀랜드
- 라가불린증류소 생산
- 디아지오 소유

라가불린 16년 싱글몰트 위스키
LAGAVULIN 16 YEARS SINGLE MALT WHISKY

라가불린 증류소는 존 존스톤이 1816년에 설립했습니다. 1908년에 두 번째 증류소인 몰트밀 증류소가 설립되었으나 1962년에 문을 닫았습니다. DCL을 거쳐 지금은 디아지오의 소유입니다. 대표 제품은 라가불린 16년으로 1988년에 출시한 디아지오 클래식 몰트 시리즈 중 하나입니다. 피트, 약품, 스모크, 바다향 등을 풍부하게 느낄 수 있습니다.

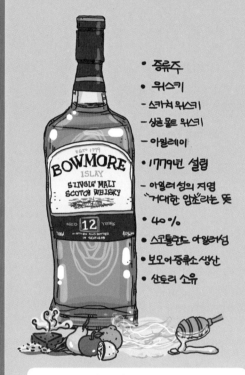

- 증류주
- 위스키
- 스카치 위스키
- 싱글몰트 위스키
- 아일레이
- 1779년 설립
- 아일러 섬의 지명 "거대한 암초"라는 뜻
- 40%
- 스코틀랜드 아일러섬
- 보모어증류소 생산
- 산토리 소유

보모어 12년 싱글몰트 위스키
BOWMORE 12 YEARS SINGLE MALT WHISKY

보모어 증류소는 1779년 증류를 시작했으며 1816년 존 심슨이 증류 허가를 받았습니다. 1837년에 윌리엄과 제임스 머터 형제, 1963년에 스탠리 모리슨을 거쳐 1994년에는 산토리에 매각되어 현재는 라가불린과 함께 산토리의 소유입니다. 직접 몰팅 작업을 하고 있으며(플로어 몰팅) 이는 40% 정도로 라프로익의 20%에 비해 높습니다. 주력 제품은 12년 위스키로 강하지 않은 피트 풍미, 꿀과 과일향의 풍미를 느낄 수 있습니다.

CAOL ILA
쿨일라
ISLAY SINGLEMALT WHISKY

- 증류주
- 위스키
- 스카치 위스키
- 싱글 몰트 위스키
- 아일레이
- 1846년 설립
- 게일어로 "아일러의 해협" 이라는 뜻
- 43%
- 스코틀랜드
- 쿨일라 증류소 생산
- 디아지오소유

쿨일라 12년 싱글몰트 위스키
CAOL ILA 12 YEARS SINGLE MALT WHISKY

쿨일라 증류소는 1846년에 헥터 헨더슨이 설립했습니다. 1857년에 벌록 레이드에게 판매된 이후 1927년 DCL에 매각되어 디아지오 소유가 되었습니다. 쿨일라는 아일레이 섬에서 가장 많은 양의 위스키를 생산하고 있으며, 디아지오의 블렌디드 위스키에 많이 사용되고 있습니다. 비교적 가벼운 피트와 짭짤한 훈연 풍미의 쿨일라 12년은 2002년에 출시되었습니다.

BUNNAHABHAIN
부나하벤
ISLAY SINGLEMALT SCOTCHWHISKY

- 증류주
- 위스키
- 스카치 위스키
- 싱글몰트 위스키
- 아일레이
- 1881년 설립
- 게일어로 "강 어귀", "강 입구"를 뜻함
- 46.3%
- 스코틀랜드
- 부나하벤 생산
- 디스텔 소유

부나하벤 12년 싱글몰트 위스키
BUNNAHABHAN 12 YEARS SINGLE MALT WHISKY

1883년 설립된 부나하벤 증류소는 하이랜드 증류소와 번 스튜어트를 거쳐 현재는 디스텔의 소유입니다. 아드벡 10년 위스키의 피트 수치(리터당 몇 밀리그램의 페놀성 성분이 함유되었는지 나타내는 수치)가 55~65ppm이며 탈리스커 10년 제품이 22ppm인 것에 비해, 부나하벤은 3ppm으로 피트향을 느끼기 어려운 특징(?)을 가지고 있습니다. 짠내와 훈연향 역시 아일레이 위스키임을 잘 드러내고 있습니다. 1979년에 출시한 부나하벤 12년 숙성 제품은 버번 캐스크와 셰리 캐스크에서 숙성됩니다.

KILCHOMAN
커호만
ISLAY SINGLEMALT SCOTCH WHISKY

BRUICHLADDICH
브룩라디
SCOTTISH BARLEY ISLAY SINGLE MALT SCOTCH WHISKY

- 증류주
- 위스키
- 스카치 위스키
- 싱글몰트 위스키
- 아일레이
- 2005년 설립
- 농장형 증류소
- 지역명
  교구이름
- 46%
- 커호만 생산

- 증류주
- 위스키
- 스카치 위스키
- 싱글몰트 위스키
- 아일레이
- 1881년 설립
- 게일어로
  '해안의 언덕'
- 피트 사용안함
- 50%
- 브룩라디 생산
- 레미 쿠앵트로 소유

커호만 마키아 베이 싱글몰트 스카치위스키
KILCHOMAN MACHIR BAY SINGLE MALT SCOTCH WHISKY

아일레이에 마지막 증류소가 설립된 지 124년 만인 2005년에 세워진 커호만 증류소는 윌스 가문의 가족 경영으로 운영되고 있습니다. 2009년에 3년 숙성 제품을 첫 출시하였고, 2012년에 주력 제품인 마키아 베이를 출시하였습니다. 숙성 연수 미표기 제품으로 퍼스트필 버번 이후 올로로소 셰리 캐스크에 숙성되며, 버번에서 6년가량 숙성된 후 다시 올로로소 셰리 캐스크에서 피니시됩니다.

브룩라디 클래식 래디 싱글몰트 스카치위스키
BRUICHLADDICH CLASSIC LADDIE SINGLE MALT SCOTCH WHISKY

1881년에 하베이 형제가 설립한 브룩라디 증류소는 여러 소유자를 거쳐 2012년에 레미 쿠앵트로에 매각되었습니다. 브룩라디는 다양한 제품이 특징입니다. 특색 있는 병 디자인도 빼놓을 수 없지요. 피트를 사용하지 않은 클래식 래디와 가장 피트 수치가 높은 옥토모어를 생산하고 있습니다. 대개 스코틀랜드의 보리를 사용하지만 아일레이의 보리를 사용하는 제품도 있습니다. 클래식 래디는 숙성 연수 미표기 제품으로 주로 아메리칸 오크에서 숙성하며 셰리, 보르도, 버진 캐스크도 사용합니다. 피트되지 않은 훈연향에 바닐라, 꿀 등의 달달한 풍미가 어우러집니다.

캠벨타운

캠벨타운Campbeltown에는 현재 스프링뱅크, 글렌가일 스프링뱅크 소유, 글렌스코시아까지 단 3곳의 증류소만 있어 가장 작은 스카치위스키 생산지입니다.

한때 30곳이 넘는 증류소와 함께 스카치위스키의 수도 거금은 머프타운 로 불린 적이 있었습니다. 잘나가던 항구였기 때문에 많은 사람이 모여들면서 위스키의 수요가 커졌고, 수요를 맞추려다 보니 품질이 저하되었으며, 철도 건설로 인해 원활해진 스페이사이드 위스키의 공급으로 캠벨타운의 위스키는 쇠퇴했습니다. 금융 위기까지 겹치면서 이곳의 증류소 대부분이 문을 닫았습니다.

캠벨타운에서 가장 유명한 증류소인 스프링뱅크는 몰팅부터 병입까지 자체적으로 하는 스코틀랜드의 유일한 증류소입니다.

CAMPBELTOWN 캠벨타운

글렌가일, 킬커란
GLENGYLE
KILKERRAN

GLEN SCOTIA
글렌스코시아

CAMPBELTOWN

SPRING BANK
스프링뱅크

- 증류주
- 위스키
- 스카치 위스키
- 싱글몰트 위스키
- 캠벨타운
- 10년 숙성위스키
- 1828년 설립
  미첼 가문 경영
- 2.5회 증류
  (2회증류의 초류와 후류를
  1차 증류원액과 혼합, 증류)
- 몰팅부터 병입까지
  자체생산
- 46%
- 스코틀랜드
- 스프링뱅크 생산
- 스프링뱅크 소유
  (J&A MITCHELL)

스프링뱅크 10년 싱글몰트 스카치위스키
SPRINGBANK 10 YEARS SINGLE MALT SCOTCH WHISKY

스프링뱅크는 한때 '스카치위스키의 수도'라 불렸던 캠벨타운에 있는 증류소로 1828에 설립되었습니다. 스코틀랜드 증류소 중에서 몰팅부터 병입까지 자체 생산하는 유일한 곳입니다. 1828년에 설립한 이후 5대째 같은 가문(미첼 가문)이 경영하는 보기 드문 증류소이기도 합니다. 스프링뱅크는 두 차례 증류하는 롱로(Long Row), 세 차례 증류하고 피트를 사용하지 않는 헤이즐번(Hazel Burn) 위스키도 생산하고 있으며, 2004년 재개장한 캠벨타운의 글렌가일 증류소도 운영하고 있습니다. 스프링뱅크의 위스키는 칠 필터링을 하지 않고 색소도 사용하지 않는 담담한 위스키로 사랑받고 있습니다. 10년 숙성 위스키는 피트함과 몰트의 복잡 달달한 풍미를 느낄 수 있습니다.

- 증류주
- 위스키
- 스카치 위스키
- 싱글몰트 위스키
- 캠벨타운
- 8년 숙성
  캐스크 스트렝스
- "SAINT KIERAN"
  키에란의 정착지
- 56.5%
- 스코틀랜드
- 글렌가일 생산
  1873년 설립
  2004년 재개장
- 스프링뱅크 소유
  (J&A MITCHELL)

킬커란 8년 CS 싱글몰트 스카치위스키
KILKERRAN 8 YEARS CS SINGLE MALT SCOTCH WHISKY

킬커란은 글렌가일 증류소에서 생산하는 싱글몰트 위스키입니다. 글렌가일의 상표권이 블로흐 브라더스(과거 글렌 스코시아의 소유자)에게 있기 때문에 킬커란을 이름으로 출시했습니다. 킬커란은 '성 키에란의 정착지'라는 뜻으로 캠벨타운의 옛 이름입니다. 글렌가일 증류소는 1873년에 스프링뱅크의 미첼 가문이 설립했다가 1919년 웨스트 하이랜드 몰트 증류소에 매각되어 1925년에 문을 닫았습니다. 그러다 2000년 미첼 가문이 다시 인수했으며 2007년에 첫 제품이 출시되었습니다. 킬커란 8년 CS 숙성 제품은 배치별로 다르지만 보통 55~56%의 도수로, 버번 캐스크나 재탄화한 올로로소 셰리 캐스크에서 숙성되며 강하고 복잡한 향을 느끼기 좋은 위스키입니다.

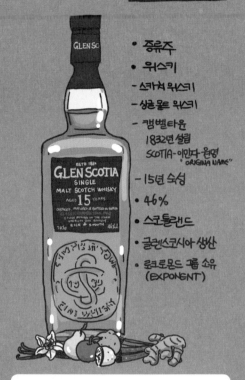

GLENSCOTIA
글렌스코시아
15 YEARS
SINGLE MALT SCOTCH WHISKY

- 증류주
- 위스키
 - 스카치 위스키
 - 싱글몰트 위스키
 - 캠벨타운
  1832년 설립
  SCOTIA-이만다 - 원명
  "ORIGINAL NAME"
 - 15년 숙성
- 46%
- 스코틀랜드
- 글렌스코시아 생산
- 로크로몬드 그룹 소유
 (EXPONENT)

글렌스코시아 15년 싱글몰트 스카치위스키
GLEN SCOTIA 15 YEARS SINGLE MALT SCOTCH WHISKY

글렌스코시아 증류소는 1832년에 스튜어트와 갤브레이스가 설립했습니다. 1930년에 문을 닫았다가 1933년 블로흐 브라더스가 매입한 이후, 하이란워커 깁슨 등 여러 곳을 거쳐 2014년부터 로크 로몬드 그룹이 운영했습니다. 2015년에 출시한 15년 숙성 제품은 버번 캐스크에서 숙성되었고 적절한 피트감, 바다향, 과일향 등 여러 풍미가 잘 어우러져 있습니다.

HAZELBURN
헤이즐번
10 YEARS SINGLE MALT SCOTCH WHISKY

- 증류주
- 위스키
 - 스카치 위스키
 - 싱글몰트 위스키
 - 캠벨타운
- 3회증류
- "개암나무개울"
 폐쇄 증류소
 (1825-1925)
- 10년 숙성
- 46%
- 스프링 뱅크 생산

헤이즐번 10년 싱글몰트 스카치위스키
HAZEL BURN 10 YEARS SINGLE MALT SCOTCH WHISKY

스프링뱅크 증류소는 스프링뱅크 외에 싱글몰트 위스키를 두 가지 더 생산하고 있습니다. 앞서 언급했듯이 두 차례 증류하고 피트가 강한 롱로, 세 차례 증류하고 피트 처리를 하지 않는 헤이즐번입니다(스프링뱅크는 2.5회 증류함). 헤이즐번은 1925년 문을 닫은 캠벨타운의 증류소 이름이었는데, 재패니즈 위스키의 아버지라 불리는 타케츠루 마사타카가 위스키 기술을 배웠던 증류소라고 합니다. 스프링뱅크는 2005년부터 생산을 시작한 제품으로, 복잡하고 강한 풍미의 롱로에 비해 산뜻하고 달콤한 풍미를 가진 위스키입니다. 주력 제품인 헤이즐번 10년 숙성 제품은 주로 버번 캐스크에서 숙성하며 과일향과 달콤한 풍미가 특징입니다.

JOHNNIE WALKER
조니워커

BLACK LABEL (12Y) BLENDED SCOTCH WHISKY

블렌디드
BLENDED

한 개 이상의 싱글몰트 위스키와
싱글 그레인 위스키를 혼합

블렌디드 스카치 위스키
BLENDED SCOTCH WHISKY

- 증류주
- 위스키
- 스카치위스키
- 블렌디드위스키
- 1820년 설립
  존 워커
  (JOHN WALKER)
- 세계판매 1위
  (RED LABEL)
  블랙라벨
- 12년숙성
  (가장오래된라벨)
- 40%
- 디아지오 소유

조니워커 블랙라벨 블렌디드 스카치위스키
JOHNNIE WALKER BLACK LABEL BLENDED SCOTCH WHISKY

조니워커는 존 워커가 1820년 잡화점에서 판매를 시작한
위스키 브랜드로, 현재 세계에서 가장 많이 팔리는 스카치
위스키입니다. 독보적이죠. 1860년에 사각의 병을 선보였
고, 1902년 레드라벨과 블랙라벨을 처음 출시했습니다. 마
스코트인 스트라이딩 맨은 1909년부터 사용되었습니다. 우
리가 아는 조니워커의 시작이라 할 수 있겠네요. 조니워커
는 라벨의 색으로 위스키 숙성 등의 종류를 구분합니다. 블
랙라벨은 조니워커 시리즈 중 기준이 되는 제품으로 12년
숙성 제품입니다. 조니워커는 현재 디아지오의 소유의 대
표적인 브랜드로 국내에서도 오래전부터 많은 사랑을 받은
제품입니다.

- 증류주
- 위스키
- 스카치위스키
- 블렌디드위스키
- 설립자
  조지 '밸런타인'
  1827년 설립
- 세계판매
  2위
- 12년숙성
- 40%
- 스코틀랜드
- 페르노리카 소유

밸런타인 12년 블렌디드 스카치위스키
BALLANTINE'S 12 YEARS BLENDED SCOTCH WHISKY

- 증류주
- 위스키
- 스카치위스키
- 블렌디드위스키
- 설립자 윌리엄그랜트
  1887년설립
- 3가지 캐스크에서숙성
- 40%
- 스코틀랜드
- 그랜트 앤선즈 생산
  (GIRVAN 증류소)
- 그랜트 앤선즈 소유

그랜츠 트리플 우드 블렌디드 스카치위스키
GRANT'S TRIPLE WOOD BLENDED SCOTCH WHISKY

밸런타인 역시 조지 밸런타인이 1827년 잡화점에서 판매를 시작한 위스키입니다. 당시 여러 증류소의 위스키를 구매해서 판매하는 것이 일반적인 스카치위스키의 유통 과정이었지만 조지 밸런타인은 직접 위스키를 블렌딩했으며, 아들들과 주류를 유통하며 성장했습니다. 밸런타인의 아들이 회사를 운영하다 1919년 사업권을 넘기고 하이람 워커를 거쳐 현재는 페르노리카 소유의 업체가 되었습니다. 조니워커에 이어 스카치위스키 판매량 2위의 제품이며, 국내에서도 인지도 높은 위스키입니다.

그랜츠는 싱글몰트로 유명한 글렌피딕을 만드는 윌리엄 그랜트 앤 선즈의 블렌디드 위스키입니다. 국내에서는 인지도가 그리 높지 않은 편이지만 세계적으로는 조니워커, 밸런타인 다음으로 많이 팔리는 블렌디드 스카치위스키입니다. 3종의 다른 캐스크에서 숙성되는 것이 특징이며, 2018년부터 패밀리 리저브에서 '트리플 우드'라는 이름으로 판매되고 있습니다. 국내에는 18년 제품이 정식 수입되었으나 인지도를 크게 높이지는 못했습니다.

- 증류주
- 위스키
- 스카치위스키
- 블렌디드위스키
  시바스 존, 제임스
- 설립자 : '시바스형제'
  리갈은 제왕이란뜻
- 18이년 설립
- 12년숙성
- 40%
- 스코틀랜드
- 시바스 브라더스 생산
- 페르노리카 소유

시바스 리갈 12년 블렌디드 스카치위스키
CHIVAS REGAL 12 YEARS BLENDED SCOTCH WHISKY

시바스 리갈은 제임스와 존 리바스 형제가 만든 잡화점에서 출발한 위스키 브랜드입니다. 1801년 에든버러에서 잡화점을 열었고 1843년 빅토리아 여왕에게 납품을 하며 '시바스 리갈'이란 이름이 붙었습니다. 리갈은 '제왕에 맞는, 제왕적'이라는 뜻을 가지고 있습니다. 시바스 리갈(시바스 브라더스)은 페르노리카의 소유로 블렌디드 스카치위스키 3위 자리를 그랜츠와 함께 다투고 있으며 국내에서도 인지도가 높은 제품입니다.

- 증류주
- 위스키
- 스카치위스키
- 블렌디드위스키
- 설립자 : JUSTERINI
  인수자 : BROOKS
- 1749년 설립
- 1760년 로열워런티
  (조지3세)
- 40%
- 스코틀랜드
- J&B 생산
- 디아지오 소유

제이앤비 레어 블렌디드 스카치위스키
J&B RARE BLENDED SCOTCH WHISKY

제이앤비는 1759년 짝사랑했던 오페라 가수를 따라 영국으로 와 증류 사업을 했던 설립자 저스테리니와, 1831년 업체를 인수한 브룩스의 이름을 더해 만든 회사명인 저스테리니 앤 브룩스(Justerini & Brooks)의 이니셜로 이름 지어진 위스키입니다. 금주법과 제2차 세계 대전을 지나며 유명해진 브랜드입니다. 최대 40여 개의 위스키를 혼합해서 만드는 디아지오 소유의 블렌디드 위스키로 한때 국내에서도 인기가 많았으며, 예전만큼의 인기는 아니지만 지금도 어렵지 않게 찾아볼 수 있습니다.

- 증류주
- 위스키
- 스카치위스키
- 블렌디드위스키
- 설립자 아서벨
  "ARTHUR BELL"
- 1851년 설립
- 40%
- 스코틀랜드
- 벨스생산
  ARTHUR BELL & SONS
- 디아지오소유

- 증류주
- 위스키
- 스카치위스키
- 블렌디드위스키
- 설립자 : 존듀어
  JOHN DEWAR
- 1846년 설립
- 1899년 출시
- 40%
- 스코틀랜드
- 존듀어 앤선즈 생산
- 바카디 소유

벨스 오리지널 블렌디드 스카치위스키
BELL'S ORIGINAL BLENDED SCOTCH WHISKY

듀어스 화이트라벨 블렌디드 스카치위스키
DEWAR'S WHITE LABEL BLENDED SCOTCH WHISKY

1851년 아서 벨이 몰트위스키를 혼합하여 판매하기 시작했고 대를 이어 아들들과 함께 운영하며 아서 벨 앤 선즈를 설립했습니다. 처음에는 '엑스트라 스페셜'이라는 문구만 사용했다가, '벨'이라는 이름은 아서 벨의 사후에 1904년부터 사용되었습니다. 영국 내에서 가장 많이 판매되는 스카치위스키로 유명합니다. 한때 8년 숙성 제품을 판매하기도 했으나, 현재 숙성 연수 미표기 위스키입니다. 디아지오의 소유로 국내에도 정식 수입되어 저렴한 가격으로 판매되고 있습니다. 주로 여러 음료와 함께 하이볼 등 칵테일로 많이 소비되고 있습니다.

존 듀어 앤 선즈는 주류업자인 존 듀어가 1846년에 설립해 블렌딩한 위스키를 판매했습니다. 그의 아들들이 이어받아 사업을 확장하여 1898년 에버펠디 증류소를 설립했고, 1899년에 현재까지 판매되고 있는 듀어스 화이트라벨을 출시했습니다. 존 듀어 앤 선즈는 1925년 DCL의 소유가 되었다가 1998년 바카디에 매각되었습니다. 기존의 제품 외에도 최근에는 더블더블 숙성 시리즈가 판매되고 있습니다.

- 증류주
- 위스키
- 스카치위스키
- 블렌디드위스키
- 1964년 설립
  설립자
  베르나르 마그레즈
  (맥아 수입목적)
- 40%
- 스코틀랜드
- 윌리엄 필 생산
- 마리블리자드 소유
  (BELVEDERE)

- 증류주
- 위스키
- 스카치위스키
- 블렌디드위스키
- 1849년 첫 생산
- 생산자
  윌리엄 로슨
  (WILLIAM LAWSON)
- 40%
- 스코틀랜드
- 윌리엄로슨스 생산
  (MAC DUFF)
- 바카디 소유

윌리엄 필 블렌디드 스카치위스키
WILLIAM PEEL BLENDED SCOTCH WHISKY

윌리엄 필은 와인으로 유명한 베르나르 마그레즈가 맥아를 수입하기 위해 1964년 설립한 회사에서 생산하는 블렌디드 스카치위스키입니다. 세계에서 가장 많이 팔리는 위스키 10위 안에 들 정도로 유명하며, 특히 프랑스에서 인기 있습니다. 다른 저가의 숙성 연수 미표기 블렌디드 위스키처럼 기타 음료와 혼용하여 하이볼 등의 칵테일로 많이 소비되고 있습니다. 국내에도 수입되어 판매되고 있습니다.

윌리엄 로슨스 블렌디드 스카치위스키
WILLIAM LAWSON'S BLENDED SCOTCH WHISKY

윌리엄 로슨스는 더블린의 한 주류 회사에서 일하던 직원인 윌리엄 로슨의 이름을 따서 만든 블렌디드 위스키입니다. 그와 이름이 같은 이가 위스키를 처음 생산한 1849년이라는 불분명한 설립 연도를 표기하고 있습니다. 윌리엄 로슨스는 바카디 소유의 맥더프 증류소에서 생산되고 있습니다. 윌리엄 로슨스도 스카치위스키 세계 판매 10위 안에 정도로 많이 팔리며, 가벼운 풍미의 위스키로 대부분 다른 음료와 혼합하거나 칵테일로 많이 마시는 위스키입니다.

- 증류주
- 위스키
- 스카치위스키
- 블렌디드위스키
- 1923년 출시
- 짧은 셔츠, 치마를 의미
  1922년 뒤역한
  당대 가장 빠른 범선
- 40%
- 스코틀랜드
- 커티삭 생산
- 마르티니카이즈 소유
  LA MARTINQUAISE

- 증류주
- 위스키
- 스카치위스키
- 블렌디드위스키
- 1909년 출시
- 152년 당수인물
  THOMAS PARR
  (1483 - 1635)
- 12년 숙성
- 40%
- 스코틀랜드
- 맥날드 그린리 생산
- 디아지오 소유

커티삭 블렌디드 스카치위스키
CUTTY SARK BLENDED SCOTCH WHISKY

올드파 12년 블렌디드 스카치위스키
OLD PARR 12 YEARS BLENDED SCOTCH WHISKY

와인 및 증류주 판매 업체인 베리 브라더스가 1923년 출시한 블렌디드 위스키입니다. 커티삭은 당시 차(tea)를 수입하기 위한 가장 빠른 범선(tea clipper ship)의 이름으로, 예술가인 제임스 맥비가 제안했다고 합니다. 미국에서 금주법이 시행되던 당시 밀주를 수입하던 유명 밀수업자 빌 매코이가 수입했던 대표적인 위스키입니다. 매코이는 밀주를 섞거나 속이지 않아 '리얼 매코이'라 불렸습니다. 우리나라에서는 무라카미 하루키 소설 《1Q84》에 등장한 위스키로도 유명합니다. 커티삭도 주로 하이볼 등 칵테일로 많이 소비되고 있으며 국내에도 정식 수입되어 판매되고 있습니다.

올드파는 위스키 주류 판매상인 그린 리스 형제가 152세까지 장수한 토마스 파의 이름을 따서 1909년에 출시한 블렌디드 위스키입니다. 사각형의 병을 비스듬히 세울 수 있는 것으로 유명합니다. 디아지오 소유의 위스키로 국내에서도 어느 정도 인지도가 있는 제품입니다. 짙은 색의 사각 병처럼 묵직한 풍미의 위스키로 장수한 토마스 파의 이름을 가져왔다는 스토리텔링 덕분에 선물하기에도 좋은 위스키입니다.

LABEL 5
라벨5
BLENDED SCOTCH WHISKY

FAMOUS GROUSE
페이머스그라우스
FAMOUS GROUS BLENDED SCOTCH WHISKY

- 증류주
- 위스키
- 스카치위스키
- 블렌디드위스키
- 1969년 출시
- 글렌모레이 몰트 사용
  BATHGATE에 있는
  블렌딩, 숙성소에서 생산
- 40%
- 스코틀랜드
- 라 마르티니케즈 소유
  LA MARTINIQUAISE

라벨5 블렌디드 스카치위스키
LABEL 5 BLENDED SCOTCH WHISKY

1934년 설립된 코냑, 럼, 등의 증류 업체인 프랑스의 라 마르티니케즈가 1969년에 출시한 블렌디드 위스키입니다. 2004년부터 자체적으로 숙성과 블렌딩, 병입을 시작했고 2008년 글렌모레이 증류소를 매입하여 몰트를 사용해, 이듬해부터 세계 판매 순위 10위 안에 들기 시작한 제품입니다. 현재 국내에도 판매되고 있으며 다른 저가의 숙성 연수 미표기 블렌디드 위스키보다 인지도나 인기가 많지는 않지만, 비슷한 위스키 중에 나름 가성비 좋은 위스키로 꼽히고 있습니다.

- 증류주
- 위스키
- 스카치위스키
- 블렌디드위스키
- 1896년 첫 생산
  ICONIC SCOTTISH BIRD
  ↓
  GROUS BLEND
  ↓
  FAMOUS GROUS
- 40%
- 스코틀랜드
- 페이머스 그라우스 생산
- 에드링턴 그룹 소유

페이머스 그라우스 블렌디드 스카치위스키
FAMOUS GROUSE BLENDED SCOTCH WHISKY

매튜 글러그가 1896년에 등록하고 다음 해에 발매한 블렌디드 위스키로 첫 이름은 그라우스였다고 합니다. 그라우스는 스코틀랜드를 상징하는 스코틀랜드 뇌조(닭목 들꿩과의 조류)를 뜻한다고 합니다. 그래서 흔히 '뇌조 위스키' 혹은 '뇌조'라고도 불리지요. 얼마 후 이름 앞에 '페이머스'가 추가되면서 현재의 이름이 되었습니다. 에드링턴 그룹의 소유로 국내에도 정식 수입되어 외국과 비슷한 가격에 판매되고 있으며, 저가의 숙성 연수 미표기 위스키 중에서도 가성비 좋은 위스키로 알려져 있습니다.

- 증류주
- 위스키
- 스카치위스키
- 블렌디드위스키
- 1879년 출시 GRAHAM
  (CHARLES, DAVID, 3형제
  GORDON GRAHAM)
- 과거 검정병에 담아팔며
  (1차대전까지)
- 40%
- 스코틀랜드
- 번스튜어트 생산
- 디스텔 그룹 소유

- 증류주
- 위스키
- 스카치위스키
- 블렌디드위스키
- 1965년 출시
  (SEAGRAM)
  1960년대 문화혁명
  "SIXTIES"에서 영감
- 40%
- 스코틀랜드
- 패스포트 생산
- 페르노리카 소유

블랙보틀 블렌디드 스카치위스키
BLACK BOTTLE BLENDED SCOTCH WHISKY

패스포트 블렌디드 스카치위스키
PASSPORT BLENDED SCOTCH WHISKY

블랙보틀은 1879년 그래햄 형제가 출시한 블렌디드 스카치위스키입니다. 고든 그래햄의 스페셜 리큐어 위스키로 알려졌고 다른 위스키들과 차별화를 위해 검정색 병에 담아 판매하여 '블랙보틀'이라 부르게 되었습니다. 검정 병은 독일에서 수입했는데 제1차 세계 대전 이후에는 녹색 병으로 바꾸게 됩니다. 아일레이섬의 몰트를 사용해 피트한 특징이 있으며, 2013년 스페이사이드의 몰트를 늘리고 병 디자인을 바꿔 새롭게 출시했습니다. 국내에도 정식 수입되어 판매하고 있으며 블랙보틀도 저가의 숙성 연수 미표기 위스키 중에서 가성비가 좋은 위스키로 알려져 있습니다.

패스포트는 시그램에서 1965년에 출시한 블렌디드 스카치위스키입니다. 국내에 1984년부터 정식 수입된 최초의 블렌디드 스카치위스키로 한때 많은 사랑을 받았던 아주 익숙한 위스키입니다. 과거 국내에서 소비되었던 장소 때문에 조금 무거운 이미지가 있는 위스키지만, 출시할 때의 의도처럼 가벼운 풍미로 여러 음료와 즐기기 좋은 위스키입니다. 최근 국내에서도 가벼운 이미지를 내세우며 판매하고 있어 어렵지 않게 만날 수 있습니다.

블렌디드 몰트
BLENDED MALT

최소 두 개 이상의 증류소에서
생산된 싱글 몰트위스키를 혼합

블렌디드 몰트 스카치 위스키
BLENDED MALT SCOTCH WHISKY

- 증류주
- 위스키
  - 스카치 위스키
  - 블렌디드 몰트위스키
- 1997년 출시
  (PURE MALT 15 YEARS)
- 15년 숙성
- 43%
- 스코틀랜드
- 조니워커 생산
- 디아지오 소유

조니워커 그린라벨 15년 블렌디드 몰트 스카치위스키
JOHNNIE WALKER GREEN LABEL 15 YEARS BLENDED MALT SCOTCH WHISKY

그린라벨은 조니워커에서 1997년부터 생산하기 시작한 블렌디드 몰트위스키입니다. 15년 숙성 제품으로 탈리스커, 링크우드, 크래겐모어, 쿨일라 4곳의 몰트를 사용하고 있습니다. 2012년 단종되었으나 소비자들의 아쉬움을 반영해 2015년 다시 출시했습니다. 여러 블렌디드 몰트위스키들이 그렇듯이 그린라벨도 가성비 좋은 위스키로 꼽히고 있으며, 국내에서도 현지와 큰 차이 없는 가격에 판매되고 있습니다.

- 증류주
- 위스키
- 스카치 위스키
- 블렌디드 몰트위스키
- 2005년 출시
- 위스키의 원료 몰트를 작업하는 일꾼의 어깨가 원숭이어깨와 닮음
- 혼합되는 캐스크 =3개
- 43%
- 스코틀랜드
- 윌리엄 그랜트앤 선즈 소유

몽키숄더 블렌디드 몰트 스카치위스키
MONKEY SHOULDER BLENDED MALT SCOTCH WHISKY

- 증류주
- 위스키
- 스카치 위스키
- 블렌디드 몰트위스키
- 2016년 출시
- 증류소 직원들이 위스키를 몰래 가져올때 사용하던 '구리 튜브로 만든 작은용기'
- 40%
- 스코틀랜드
- 디아지오 생산 (8개 싱글몰트 혼합)

코퍼독 블렌디드 몰트 스카치위스키
COPPER DOG BLENDED MALT SCOTCH WHISKY

몽키숄더는 윌리엄 그랜트 앤 선즈에서 생산하는 블렌디드 몰트위스키입니다. 몽키숄더는 몰트를 다루는 직원들의 원숭이처럼 굽은 어깨를 말하며 그들의 노고를 나타냅니다. 2005년부터 생산하기 시작했고 글렌피딕, 발베니, 키닌비 3곳의 몰트위스키를 사용하고 있습니다. 블렌디드 몰트 스카치위스키로 가장 많이 팔리는 것은 물론, 싱글몰트 스카치위스키 판매량에서도 10위 안에 들고 있습니다. 국내에도 판매되고 있으며 역시 가성비 좋은 위스키로 꼽습니다. 균형 잡힌 풍미로 무난하게 마실 수 있는 위스키입니다.

코퍼독은 디아지오에서 2016년에 출시한 블렌디드 몰트위스키입니다. 코퍼독은 증류소 직원들이 위스키를 몰래 가져올 때 사용하던 구리 튜브로 만든 용기를 말하며, 디아지오 소유인 증류소 8곳의 몰트위스키를 제조에 사용합니다. 병 디자인이나 이름 등에서 누가 봐도 몽키숄더를 견제하거나 함께 묻어가기 위해 나온 위스키입니다. 국내에도 정식 수입되어 판매하고 있어 어렵지 않게 만날 수 있습니다.

LOCH LOMOND
로크로몬드
SINGLE GRAIN SCOTCH WHISKY

싱글그레인
SINGLE GRAIN

한 증류소에서 OR 연속 증류기 사용
곡물을 사용

GRAIN

싱글 그레인 스카치위스키
SINGLE GRAIN SCOTCH WHISKY

- 증류주
- 위스키
- 스카치 위스키
- 싱글 그레인 위스키
- 19세기 설립
  1960년 재개장
- 증류소 지역
  "로몬드 호"
  (LOCH LOMOND)
- 연속증류기로 몰트증류
- 46%
- 스코틀랜드
- 로크로몬드 생산
- 로크 로몬드 그룹소유

로크 로몬드 싱글그레인 스카치위스키
LOCH LOMOND SINGLE GRAIN SCOTCH WHISKY

로크 로몬드 위스키는 로몬드 호수의 인근에 설립된 로크 로몬드 증류소에서 생산하고 있습니다. 로크 로몬드 증류소는 몰트위스키와 그레인위스키를 모두 생산하는 보기 드문 증류소이며, 로크 로몬드 싱글그레인 스카치위스키는 그레인이 아닌 몰트로 제조하는 역시 보기 드문 그레인위스키입니다. 연속식 증류기로 증류하므로 그레인위스키로 분류되고 있습니다. 2015년에 처음 출시되었고 아메리칸 오크에서 숙성하는 제품으로 국내에도 정식 수입되어 판매되고 있습니다.

HAIG CLUB
헤이그 클럽
SINGLE GRAIN WHISKY

블렌디드 그레인
BLENDED GRAIN

최소 두 개 이상의 증류소에서
생산된 싱글 그레인 위스키를 혼합

블렌디드 그레인 스카치위스키
BLENDED GRAIN SCOTCH WHISKY

- 증류주
- 위스키
- 스카치 위스키
- 싱글 그레인 위스키
- 1751년설립
- 설립자
  케인 맥켄지 헤이그"
  KANE MCKENZIE
  "HAIG"
- 2014년출시
- 40%
- 스코틀랜드
- 존헤이그 생산
- 디아지오소유

HAIG CLUB

SINGLE GRAIN SCOTCH WHISKY

HAIG 1751 SCOTLAND
700ml/40%vol

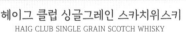

헤이그 클럽 싱글그레인 스카치위스키
HAIG CLUB SINGLE GRAIN SCOTCH WHISKY

헤이그 클럽은 디아지오에서 2014년에 출시한 싱글그레인 스카치위스키입니다. 유명 축구 선수 데이비드 베컴이 홍보를 맡아 흔히 '베컴 위스키'로 알려져 있으며 네모난 화장품 같은 병 디자인으로 유명합니다. 국내에도 정식 수입 되었는데 출시 당시 베컴이 방한하며 홍보를 하기도 했지요. 대형마트 등에서 판매하였으나 다소 비싼 가격과 인지도 부족, 국내 소비자들의 취향 문제로 판매가 부진했고 이후에 재고 소진을 위해서 낮은 가격에 판매되었습니다.

COMPASS BOX
HEDONISM
컴퍼스 박스 헤도니즘
BLENDED GRAIN WHISKY

- 증류주
- 위스키
- 스카치 위스키
- 블렌디드 그레인 위스키
- 독립병입자
- 2000년 설립
- 설립자
  존 글레이저
  JOHN GLASER
  (조니워커 마케팅
  책임자 출신)
- 2000년 출시
- 43%
- 컴퍼스 박스 생산
  (블렌딩)

아메리칸 위스키

아메리칸 위스키

이전 챕터에서 스카치위스키가 위스키의 대명사라고 말씀드렸죠. 스코틀랜드의 스카치위스키가 모든 위스키의 기준이 되기 때문입니다. 여기에 또 하나의 기준이 되는 위스키가 있습니다. 바로 미국의 아메리칸 위스키입니다.

미국은 세계의 위스키 산업을 지탱하는 국가이기도 합니다. 스카치위스키뿐 아니라, 거의 모든 나라의 위스키에 자국을 제외한 가장 큰 영향을 끼치고 있습니다. 미국에서는 위스키 생태계가 독자적으로 생성되었으며, 아메리칸 위스키는 스카치위스키와 비슷한 듯 보이지만 많은 차이점을 가지고 있습니다.

이제부터 미국의 위스키, 즉 아메리칸 위스키를 만나볼 시간입니다.

미국 역사 속 아메리칸 위스키

미국의 역사는 이주민들로부터 시작되었고 아메리칸 위스키 또한 그들과 함께 건너왔습니다.

1492년 콜럼버스가 인도라고 착각했던 신대륙을 발견한 뒤 백여 년이 지나 유럽인들은 아메리카 대륙으로 건너가 식민지를 건설합니다. 다시 말해서 미국의 역사가 본격적으로 시작되는 때는 지금의 버지니아주에 영국 최초의 식민지가 건설되는 1600년대부터입니다.

1600년대

1607년 미국 동부 버지니아주에 아메리카 대륙 최초의 영국 식민지인 제임스타운이 건설되면서부터 본격적으로 미국의 역사가 시작됩니다. 1620년에는 영국 청교도들이 메이플라워호를 타고 지금의 매사추세츠주 인근에 도착하여 플리머스라는 이름의 식민지를 건설했습니다. '플리머스'는 그들이 출발한 영국 항의 이름이며, 제임스타운의 '제임스'는 당시 영국의 왕 제임스 1세에서 따온 이름이라고 합니다. 이후 백여 년 동안 아메리카 대륙의 동부 지역에 13개의 식민지가 건설됩니다. 술은 이들 이주민과 함께 미국으로 들어왔습니다.

이주민들은 정착하는 동안 깨끗한 물을 찾기 전까지, 혹은 해당 지역의 물에 적응하기까지 맥주를 양조해 마셨습니다. 아메리카 대륙으로 술을 가져오기가 여러모로 힘들었기 때문에 자급자족할 수 있는 주변의 과일, 꿀, 곡물 등을 이용해 술을 만들었던 것이죠.

이주해온 스코틀랜드인들, 아일랜드인들과 함께 증류 기술과 증류기도 들어오면서 위스키도 증류하기 시작했으나, 소량에 불과하고 지금의 위스키와는 전혀 다른 모습이었죠.

영국은 아메리카 대륙의 남부 카리브해 인근에 농장을 짓고 설탕, 면화, 담배, 럼 등을 생산해 유럽으로 들여와 판매했습니다. 그리고 이 수익과 무기들로 아프리카에서 노예들을 사서 농상으로 보내 생산하게 하는 이른바 삼각무역을 시작했습니다.

럼은 그 삼각무역에서 중요한 비중을 차지하는 제품이었으며 미국에서도 럼을 수입해 소비했습니다. 미국에서 럼은 가장 많이 소비되던 증류주이자 큰 사업이었던 것이죠. 이후 설탕에 부과되는 높은 세금과 영국과의 전쟁으로 인해 럼의 원료가 되는 사탕수수 외의 다른 곡물이 필요해지면서 이는 미국 내의 곡물들로 대체됩니다.

1700년대

아일랜드와 스코틀랜드, 그리고 독일에서 건너온 수많은 이주민은 처음 정착한 펜실베이니아, 버지니아, 캐롤라이나에서 점차 서쪽으로 이주해 갔습니다. 유럽에서 들여온 보리는 이곳에서 쉽게 자라지 못한 반면, 호밀은 적응하고 잘 자랐기 때문에 호밀을 이용한 증류가 늘어나기 시작했습니다.

1776년에 미국은 독립을 선언합니다. 1792년에 켄터키주는 버지니아주에서 독립했고, 1779년부터 집을 짓고 옥수수를 경작하는 이주민들에게 정해진 크기의 토지를 소유할 수 있는 권리Corn Patch and Cabin Rights를 주었습니다. 당시 교통이 발전하지 않았기에 이동의 편의를 위해서 수확이 끝난 옥수수의 부피를 줄이는 방법이 필요했고, 가장 좋은 방법은 바로 증류를 하는 것이었습니다. 이렇게 자연스럽게 호밀과 옥수수는 미국의 위스키 산업에서 중요한 곡물이 되었고, 오늘날 켄터키주는 아메리칸 위스키를 대표하는 고장이 되었습니다.

스코틀랜드에서 그랬듯이 미국에서도 위스키는 '저항의 술'이기도 했습니다. 1791년 독립전쟁을 승리로 이끈 조지 워싱턴이 초대 대통령이 되어 정부를 구성하고, 전쟁에서 진 빚을 갚기 위해 주류 소비세를 승인하자 미국 곳곳에서 폭동이 일어나기 시작했습니다. 당시 위스키는 단순히 마시는 술이 아니라 물물교환 시 일종의 화폐 기능을 할 정도로 이주민들에게 중요한 위치를 차지하고 있었기 때문입니다.

호밀
RYE
원산지 : 캅카스, 터키동부
밀과 비슷하고
환경에 적응력이 강함

옥수수
CORN, MAIZE
원산지 : 멕시코(남아메리카)
미국에서
가장 많이 생산

메국초대대통령
1789~1797

독립선언 1776
독립전쟁 1775
~1783

위스키반란
1791
~1794

퇴임후 증류소운영

WHISKEY

GEORGE WASHINGTON

일명 '위스키 반란'으로 불리는 이 폭동은 1794년까지 이어졌지만, 재무장관이자 소비세를 제안한 해밀턴과 워싱턴 대통령의 진압으로 반란은 의외로 쉽게 끝났습니다. 위스키 반란으로 체포된 사람도 많지 않았고, 몇 년 뒤에는 위스키세도 폐지되었습니다. 여담이지만 워싱턴은 은퇴하고 미국에서 가장 큰 증류소를 운영했습니다. 참 재밌는 나라죠.

이즈음, 오늘날 켄터키주에서 최초라 불리는 위스키들이 생산되기 시작합니다. 에번 윌리엄스, 엘라이져 크레이그, 제이컵 빔, 로버트 새뮤얼, 바질 헤이든 등과 같은 사람들이 이 시기에 위스키를 증류했습니다. 정확히는 생산했다는 기록이 이때부터 시작되었지요. 이들의 이름은 현재 증류소나 위스키의 이름으로 기억되고 있습니다.

엘라이져 크레이그가 최초의 버번위스키 증류자라는 설이 많지만, 그가 목사였기 때문에 금주운동

반대를 위해 강조된 이야기라는 주장도 있습니다. 오크통 내부를 그을려 사용하기 시작한 사람도 엘라이져 크레이그라는 설 또한 명확하지 않습니다. 오크통에 관한 여러 흥미로운 이야기가 전해지지만 오래된 오크통을 다시 사용하기 위해 조금씩 태우다가 그런 풍미를 발견했거나, 당시 인기가 있던 브랜디 코냑 와 풍미를 비슷하게 맞추기 위해 통을 조금 더 태워서 사용한 것이 아닌가 하는 추측이 신빙성을 얻고 있습니다.

미국의 루이빌과 그 동쪽의 버번 카운티 지역 이름은 영국과의 독립전쟁 당시, 미국에 도움을 주었던 프랑스 왕 루이 16세의 이름과 그의 가문인 부르봉 왕가 House of Bourbon 에서 각각 유래했습니다. 버번위스키의 이름도 버번 카운티에서 유래했다고 알려져 있죠. 그 때문에 흔히 버번위스키가 버번 카운티 인근 켄터키주 에서 생산되는 것으로 여겨지

지만, 사실 이에 대한 정확한 기록은 없습니다. 버번위스키가 주로 소비되었던 뉴올리언스의 버번 거리Bourbon Street에서 그 이름이 유래했다는 주장도 있고요. 1800년대 중반까지 아메리칸 위스키에서 숙성은 일반적인 방법이 아니었습니다. 그런데 켄터키의 위스키가 미시시피강을 따라 뉴올리언스로 이동되는 동안 코냑과 비슷한 풍미를 주기 위해 태운 통에서 숙성되었고, 그로 인해 코냑과 비슷한 분위기를 풍기는 '버번'이라는 이름으로 판매되었을 것으로 추측합니다.

1800년대

1830년대 연속식 증류기가 발명된 후 1850년 즈음부터 미국에서도 블렌딩된 위스키를 생산하기 시작했습니다. 연속식 증류기로 증류한 중성주정과 그밖에 여러 첨가물을 첨가해서 만든 위스키들이 대량 생산되고 유통되었습니다.

당시 위스키는 배럴통에 넣어서 판매했기 때문에 어떤 원액을 사용했는지, 다른 첨가물이 첨가되진 않았는지 등 품질을 보장하기 어려웠습니다. 이로 인해 버번위스키 제품의 품질을 보장할 필요성을 느끼게 되었죠.

그러던 중 1870년 루이빌의 증류 업자인 가빈 브라운이 윌리엄 포레스터 박사의 이름을 딴 위스키를 병에 넣어 판매했는데, 이 위스키브라운 포맨의 올드 포레스터가 최초로 병에 담겨 판매된 버번위스키입니다.

계속해서 순수한 위스키를 판매하는 증류업자들은 위스키를 구분하거나 분류해줄 것을 요구했고, 1897년 증류소 한 곳에서 생산되어 연방 창고에서 4년 이상 숙성하고 100proof 50%로 병입하면 인증해주는 보틀 인 본드Bottled in Bond가 시행되었습니다.

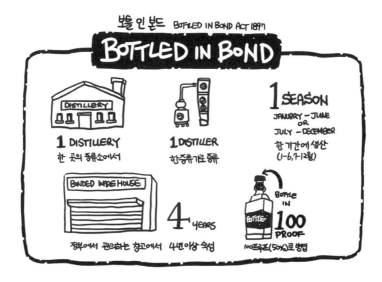

1900년대

1906년 모든 음식에 내용물이 기재된 라벨을 부착해야 하는 순수식품의약법Pure Food and Drug Act 이 시행되었지만, 과연 '순수한 위스키가 어떤 것인가'라는 논란이 일어나게 됩니다. 정부는 그 정의를 오크통에서 숙성되어 첨가물을 넣지 않은 증류주로 정하였고, 중성주정과 가향, 착향을 위한 첨가물을 첨가한 위스키는 '이미테이션 위스키'라 표기하게 되었습니다.

그러니 위스키를 수입하거나 중성주정과 혼합해서 생산하던 위스키 업자들의 불만이 커졌겠죠. 고소를 하는 등 계속해서 수정 요구가 있었고, 이윽고 소송을 통해 이러한 이미테이션 위스키도 위스키라 부를 수 있게 되었습니다. 그러자 첨가물을 첨가하지 않은 스트레이트 위스키Straight Whiskey 를 생산하는 업자들과도 마찰이 계속되며 양쪽에서 더욱 명확한 한마디로 자신에게 유리한 답을 정부에 요구했습니다.

그러자 1909년 미국의 윌리엄 H. 태프트 대통령은 몇 년간 끌어온 이 요구에 명확한 답을 내립니다. 즉, 과일과 당밀을 제외한 곡물을 사용해 만드는 위스키는 '스트레이트 위스키'로, 그 외에 가향하거나 다른 증류주를 섞은 위스키는 '블렌디드 위스키'라 정의한 것이죠. 이 태프트 판결The Taft Decision 은 오늘날 위스키 규정의 토대가 되었습니다.

1900년대 미국에서 음주는 종교·정치·경제·사회 등 온갖 문제와 얽혀 좋지 않은 결과의 원인으로 내몰리고, 결국 금주운동이 일어납니다. 국내외 여러 상황으로 금주운동은 점점 큰 힘을 얻었고 계속해서 음주는 많은 지탄을 받게 되었죠. 그러다 1917년 미국이 세계 대전에 뛰어든 뒤, 1919년에 결국 금주법이 시행되었습니다.

금주법

1920년부터 1933년까지 시행된 금주법 Prohibition in the US 으로 미국뿐 아니라 전 세계의 증류주 시장은 암흑기에 들어섭니다. 술을 금지하는 희대의 법이 시행되었지만, 실제 소비는 줄어들지 않았습니다. 초기에는 여러 긍정적인 효과도 보는 듯했으나 곧 많은 관련 업체가 문을 닫았죠. 술은 의료용으로만 허가되었는데, 그래서 많은 사람이 '환자'가 되었죠. 또한 불법으로 밀주가 만들어져 유통되면서 많은 후유증을 남겼습니다.

범죄 조직이 밀수 주류유통을 주도하며 관련 범죄가 증가했고, 무엇보다 그들의 주머니가 두둑해진 만큼 정부의 세수는 낮아졌습니다.

스코틀랜드와 아일랜드의 위스키도 미국 금주법의 직접적인 타격을 받게 됩니다. 특히 아일랜드에는 단 3곳의 증류소만 남으며 몰락에 가까운 시절을 겪습니다. 반면 미국과 국경을 맞대고 있는 캐나다의 위스키는 뜻하지 않은 성장을 하게 되었죠.

1933년에 금주법은 사라졌지만, 그 기간에 문을 닫은 증류소들과 그로 인한 원주숙성 중인 위스키의 부재, 소비자들의 바뀐 입맛, 유통되는 위스키의 저급한 품질 등으로 아메리칸 위스키는 제자리를 되찾기 어려웠습니다. 그래도 좋은 위스키를 생산하려는 노력이 이어졌고, 조금 나아지려는 때 발발한 제2차 세계 대전으로 다시 길을 잃고 맙니다. 곡물은 전쟁에 소비되었고 증류소들은 공업용 알코올을 생산하게 됩니다.

BOURBON WHISKEY DESIGNATED AS
DISTINCTIVE PRODUCT OF U.S.
MAY 4, 1964
"버번위스키는 미국의 독특한 상품이다"
SENATE CONCURRENT RESOLUTION 19

1964년에는 의회를 통해 버번위스키가 '미국의 특색 있는 상품'이라며 공표·공인됩니다. 미 의회 상하원의 동일 결의Concurrent Resolution로 법적 효력은 없지만 이로써 버번위스키는 세계적으로 보호·인정받는 용어가 됩니다. 이어 많은 버번위스키가 과잉 생산되었으나 1980년대 보드카, 진 등의 증류주와 칵테일이 인기를 끌며 위스키 시장은 계속해서 어두운 시기를 지나게 됩니다. 이 시기에는 아메리칸 위스키인 원투 펀치 잭 대니얼과 짐 빔이 미국 위스키 시장의 명맥을 이어 나갔고, 조금 뒤에서 메이커스 마크가 힘을 보태주었습니다.

1990년대, 경제 성장과 더불어 깊이 있고 다양한 것을 원하는 사회적 분위기가 형성되었습니다. 변화와 함께 불어오는 크래프트 바람에 아메리칸 위스키는 빠르게 적응하고 기회를 잡게 됩니다. 클래식 칵테일이 부활하고 과거의 위스키들이 재생산되면서 많은 증류소가 다시 문을 열거나 새로 설립되기 시작했습니다. 이전에는 부드러운 위스키가 인기였다면 점차 개성적인 풍미의 위스키를 찾는

사람들이 늘어났죠. 덕분에 다소 거친 버번위스키의 풍미가 낮은 품질이 아닌 개성으로 인식되어, 아메리칸 위스키 시장은 언제 우울했냐는 듯이 거침없는 성장을 합니다.

2000년 이후 수많은 브랜드에서 위스키를 생산하면서 개성 있는 위스키의 판매량은 점점 높아졌습니다. 미국에서도 다양한 위스키가 생산되었고 햇수가 지날수록 엄청난 성장을 거듭하며 몸값을 올리고 있습니다.

오늘날 거침없이 오르는 버번위스키의 몸값에 대해서는 1964년 의회의 공인 이후 과잉 생산으로 저렴해진 가격이 제자리는 찾아가는 과정이라고 하는 견해도 있습니다. 버번위스키 가격이 높아지는 게 아니고 과거에 지나치게 저렴했다는 것이죠. 반면 최근 점점 늘어나고 있지만 라이위스키는 찾아보기 힘들 정도로 줄어들었습니다. '오늘 산 위스키가 가장 저렴한 위스키'라는 속설에 버번위스키도 힘을 더하고 있는 현실입니다.

아메리칸 위스키의 정의

지금까지 미국 위스키의 역사에 관해 살펴보았습니다. 그렇다면 아메리칸 위스키 American Whiskey 에는 어떤 종류가 있고 어떤 특징이 있을까요? 어떻게 만들어지고 구분될까요? 이제부터 본격적으로 아메리칸 위스키에 대해 알아보겠습니다.

아메리칸 위스키는 1897년 병입규제법 Bottled in Bond Act, 1909년 태프트 판결 Taft Decision, 1964년 미 의회의 결의 등을 토대로 정해진 미국 연방규정 Code of Federal Regulations Title 27 에 따라 규정 및 분류되고 있습니다. 아메리칸 위스키는 곡물로 만들고, 190proof 95% 이하로 증류하며, 오크통에 저장 옥수수로 만든 위스키는 제외하고, 병입 시 최소 40% 이상이 되어야 한다는 규정입니다. 이런 방식으로 제조한 위스키에 위스키라는 명칭을 사용할 수 있습니다.

아메리칸 위스키 생산 과정

아메리칸 위스키는 어떤 생산 과정을 거쳐 만들어질까요? 대부분의 아메리칸 위스키는 곡물 준비 preparation, 당화 mashing, 발효 fermenting, 증류 distilling, 숙성 aging, 병입 bottling 의 과정을 거쳐 제조됩니다. 증류기의 종류에 대한 규제는 없으며, 세부적인 과정에 따라 위스키 종류가 나뉘게 되지요.

증류한 뒤 남은 산성이 높은 증류 잔여물을 당화통(Mash Tun)에 첨가해 산도를 맞춰서 균의 성장을 조절하고 제품의 일관성과 질을 향상하는데, 이 과정을 '사워 매시(Sour mash)'라 하며, '백세트(Backset)' 혹은 '세트백(Setback)'이라고도 부릅니다.

1차증류
연속식 증류기
COLUMN STILL

2차증류
더블러, 섬퍼
DOUBLER, THUMPER

COFEY STILL
SINGLE COLUMN

DOUBLER
THUMPER
THUMP!
THUMPER
DOUBLER

아메리칸 위스키는 일반적으로 두 번의 증류를 거칩니다. 물론 연속식 증류기에서 모든 증류를 마치는 위스키도 있고요. 그러나 보통은 연속식 증류기에서 1차 증류를 한 뒤, 더블러Doubler라고 부르는 일종의 단식 증류기에서 2차 증류를 합니다. 단식과 연속식 증류기를 섞어놓은 하이브리드 증류기를 사용하기도 합니다.

더블러 외에 섬퍼Thumper라고 부르는 방식의 2차 증류를 하기도 합니다. 더블러가 1차 증류액을 다시 증류하는 방식이라면, 섬퍼는 1차 증류의 증기를 일종의 증류액으로 차 있는 섬퍼로 밀어 넣어서 다시 방출하는 방식입니다. 이때 쿵쾅thump 거리는 소리가 나서 '섬퍼'라 부릅니다.

2차 증류를 하는 이유는 좋은 위스키 원액, 다시 말해서 좋은 증류액Spirit을 얻기 위함입니다.

AMERICAN 아메리칸
WHISKEY
위스키
생산 과정

WHEAT, RYED · BOURBON RYE

(곡물)준비
PREPARATION

병입
BOTTLING

MASH TUN/COOKER

SOURMASH
사워매시

증류잔여물
STILLAGE, BACKSET

첨가

담금 (당화)
MASHING

숙성
AGING

발효
FERMENTING

증류기
DISTILLER
증류의 제한은
없음

증류
DISTILLING

AMERICAN WHISKEY
아메리칸 위스키

버번위스키	라이위스키	위트 위스키	몰트위스키	라이몰트 위스키	콘 위스키
CORN 옥수수	RYE 호밀	WHEAT 밀	MALT 맥아	RYEMALT 호밀맥아	CORN 옥수수

최소51%이상 NOT LESS THAN 51%   80%이상

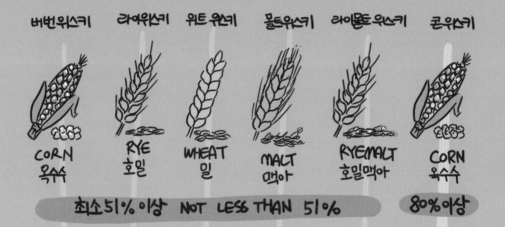

160PROOF(80%)이하로 증류(생산)

PRODUCED NOT EXCEEDING 160 PROOF

버번위스키　　라이위스키　　위트위스키　　몰트위스키　　라이몰트위스키　　콘위스키

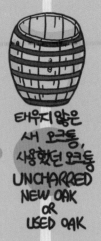

태운 새 오크통　CHARRED NEW OAK

태우지 않은
새 오크통,
사용했던 오크통
UNCHARRED
NEW OAK
OR
USED OAK

125 PROOF (62.5%) 이하로 저장　STORED AT NOT MORE THAN 125 PROOF

최소 80 PROOF (40%) 이상으로 병입　BOTTLED AT NOT LESS THEN 80 PROOF

BOURBON
WHISKEY
버번위스키

RYE
WHISKEY
라이위스키

WHEAT
WHISKEY
위트위스키

MALT
WHISKEY
몰트위스키

RYEMALT
WHISKEY
라이몰트
위스키

CORN
WHISKEY
콘위스키

아메리칸 위스키의 종류

아메리칸 위스키는 제조에 사용하는 곡물의 종류에 따라 다음과 같이 크게 5가지로 분류되며, 세부적으로 몇 가지가 더 추가됩니다.

AMERICAN
WHISKY

- **버번위스키** Bourbon Whiskey
- **라이위스키** Rye Whiskey
- **위트위스키** Wheat Whiskey
- **몰트위스키** Malt Whiskey
- **라이몰트 위스키** Rye Malt Whiskey

위스키 제조에는 각 위스키 이름에 들어가는 곡물을 51% 이상 사용해야 합니다. 예를 들어 버번위스키는 옥수수를 51% 이상 사용해 제조해야 하죠. 또한 160proof 80% 이하로 증류해 사용하지 않은 그을린 참나무에서 숙성한 뒤 125proof 62.5% 이하로 병입해야 합니다.

콘위스키 Corn Whiskey 는 80% 이상의 옥수수를 사용해야 하며, 160proof 80% 이하로 증류해서 사용하거나 그을리지 않은 참나무에서 숙성하고, 125proof 62.5% 이하로 병입해야 합니다. 단, 콘위스키는 숙성하지 않아도 되며, 숙성할 경우 사용했던 오크통이나 그을리지 않은 새 오크통을 사용할 수 있습니다. 숙성에 비교적 자유로운 점이 다른 위스키들과 구분되지요. 콘위스키는 19세기 중반의 아메리칸 위스키와 가장 많이 닮은 위스키가 아닐까 생각합니다.

지금까지 소개한 위스키가 아메리칸 위스키 시장의 거의 대부분을 차지하며 버번〉테네시〉호밀 그 외에도 여러 종류의 아메리칸 위스키가 있습니다. 바로 라이트 위스키, 블렌디드 위스키, 스피릿 위스키입니다.

먼저 라이트 위스키 Light Whiskey 는 160proof 80% 이상으로 생산되어 사용했던 오크통이나, 태우지 않은 새 오크통에서 보관한 위스키입니다.

블렌디드 위스키 Blended Whisky, Whiskey a Blend 는 여러 위스키를 혼합한 것으로 스트레이트 위스키가 20% 이상 포함되어야 합니다. 51% 이상의 일정 곡물로 만든 스트레이트 위스키가 포함되어 있으면 라벨에 곡물 이름을 표기할 수 있습니다.

마지막으로 스피릿 위스키 Spirit Whisky 는 중성주정을 혼합한 위스키로 연방 규정에 따라 분류합니다.

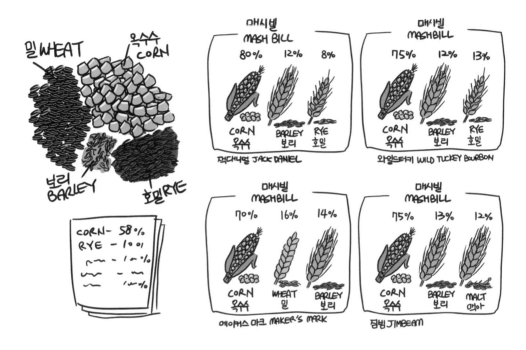

곡물 배합 비율 MASH BILL

밀 WHEAT
옥수수 CORN
보리 BARLEY
호밀 RYE

CORN – 58%
RYE – 10이
ᄂᆞᄂ – 1ᄂᆞ%
ᄂ ᄂ – 1ᄂ%

매시빌 MASH BILL
80% 12% 8%
CORN 옥수 BARLEY 보리 RYE 호밀
잭다니엘 JACK DANIEL

매시빌 MASHBILL
75% 12% 13%
CORN 옥수 BARLEY 보리 RYE 호밀
와일드터키 WILD TUCKEY BOURBON

매시빌 MASHBILL
70% 16% 14%
CORN 옥수 WHEAT 밀 BARLEY 보리
메이커스 마크 MAKER'S MARK

매시빌 MASHBILL
75% 13% 12%
CORN 옥수 BARLEY 보리 MALT 맥아
짐빔 JIMBEAM

곡물 배합 비율

아메리칸 위스키를 제조할 때는 대부분 곡물을 51% 이상 사용합니다. 그러므로 사용하는 곡물의 배합 비율을 이용해 위스키의 풍미를 다르게 할 수 있지요. 각 증류소의 위스키마다 이런 곡물 배합 비율이 다르며, 곡물의 배합 비율을 '매시빌'이라고 합니다.

다양한 오크통을 사용해서 여러 풍미를 더하는 스카치위스키에 비해, 아메리칸 위스키는 새 오크통에서 비교적 적은 기간 숙성하므로 위스키 원액이 풍미에 더욱 중요한 영향을 줍니다. 따라서 곡물의 배합 비율은 아메리칸 위스키의 풍미에 많은 영향을 미치는 요소입니다. 스카치위스키에 비해 다양한 효모를 사용하는 이유도 이와 비슷합니다.

숙성하기 전의 위스키 원액을 미국에서는 '문샤인' 또는 '화이트 독'이라고 부르며, 매시빌별로 제품화하기도 합니다.

아메리칸 오크

아메리칸 위스키 풍미의 가장 큰 특징은 태운 오크통에서 나옵니다. 미국에서는 위스키를 제조할 때 새 오크통을 사용해야 하며, 오크통을 재사용해 만든 위스키는 따로 그 사실을 표기해야 합니다. 단, 이런 위스키는 드물기 때문에 사실상 대부분의 아메리칸 위스키는 새 오크통을 사용합니다.

1935년 연방주류법의 통과로 새 오크통을 사용하게 된 것은 뉴딜 정책의 일종이며, 미국의 참나무 소비와 오크통 업체의 성장을 위해서였습니다. 사용한 오크통은 스코틀랜드 등 다른 나라의 위스키 숙성에 재사용됩니다.

현재 위스키 수요 증가에 따라 오크통 부족에 대한 우려가 나오고 있으며, 오크통 가격은 점점 높아지고 있습니다. 사용할 참나무는 충분하다고 하지만 참나무 외적인 문제 벌목, 기후, 목재 시장 등도 얽혀 있어서 언젠가 아메리칸 위스키 숙성에 오크통의 재사용을 허가하는 방향으로 법이 수정될지도 모르겠습니다.

스트레이트 위스키

아메리칸 위스키에는 최소 숙성 기간에 대한 규정이 없습니다. 오크통에서 보관해야 한다는 규정만 있을 뿐이죠. 2년 이상 숙성한 위스키에는 스트레이트Straight라는 문구를 표기할 수 있습니다. 버번위스키를 비롯한 곡물 규정이나 콘위스키 규정에 따라 '스트레이트 버번위스키' 또는 '스트레이트 라이스위스키'처럼 곡물명과 함께 스트레이트 표기를 할 수 있습니다. 참고로 숙성 기간이 4년이 안 되는 위스키에는 숙성 기간을 표기해야 하니, 숙성 기간이 표기되지 않은 위스키는 4년이 넘은 것이겠네요. 그 때문에 버번위스키는 최소 4년 이상 숙성한다고 여겨지기도 합니다.

테네시위스키

테네시위스키 Tennessee Whiskey 는 테네시주에서 생산하는 위스키입니다. 크게 보면 버번위스키의 한 종류이며, 버번으로도 표기할 수 있지요. 하지만 버번위스키와 구분되기를 원했던, 예를 들어 잭 대니얼과 같은 테네시의 위스키 업체들의 요구로 인해 2013년 테네시주의 법으로 발효되었습니다. 이 법에는 버번위스키 규정과 더불어 테네시위스키는 테네시주 내에서 제조해야 한다는 점과, 단풍나무의 숯에 여과해야 한다는 규정이 추가되었습니다. 단풍나무 숯에 여과하는 방식이 테네시위스키의 가장 큰 특징인데 이를 목탄숙성법 Charcoal Mellowing 이라 하며, 링컨 카운티 프로세스 Lincoln County Process 라고도 부릅니다. 과거 테네시주의 링컨 카운티 지역에 있던 증류소에서 이 방법을 사용했기 때문이지요.

현재 링컨 카운티에서 테네시위스키를 생산하는 곳은 1997년에 설립된 프리차드 증류소 Prichard's Distillery 단 한 곳인데, 재미있게도 이곳은 목탄숙성법을 사용하지 않습니다. 프리차드 증류소에서는 잭 대니얼을 위한 규정에 따를 수 없다는 이의를 제기했고, 실제로 규정에서도 면제받고 있습니다.

스카치위스키와 아메리칸 위스키의 차이

현재 전 세계를 양분하고 있는 위스키는 스카치위스키와 아메리칸 위스키입니다. 따라서 전 세계의 위스키가 스코틀랜드와 미국의 방식을 사용한다고 생각하면 될 듯합니다.

사실상 미국은 피트 feet , 마일 mile , 갤런 gallon 등의 표기를 아직까지 사용하는 것처럼 독자적인 환경에 있다고도 볼 수 있습니다. 간단하게 두 나라를 비교하며 위스키에 관해 좀 더 알아보겠습니다.

스카치위스키와 아메리칸 위스키의 가장 큰 차이점은 사용하는 곡물에 있습니다. 스카치위스키 싱글몰트는 맥아와 그 외의 곡물을 사용하며, 아메리칸 위스키버번는 옥수수와 그 외 곡물을 호밀, 밀, 보리 등

으로 구분해서 사용합니다. 또한 스카치위스키는 몰팅하는 과정에서 피트 사용의 유무로 풍미의 변화를 주고, 아메리칸 위스키의 경우 곡물 비율매시빌과 여러 효모를 사용해 풍미의 변화를 줍니다.

또한 스카치위스키는 단식 증류기1차, 2차를 사용하고, 아메리칸 위스키는 주로 연속식 증류기1차와 단식 증류기2차를 사용합니다. 같은 단식 증류기를 사

용하더라도 스카치위스키는 1차 증류기를 워시스틸Wash Still이라 부르며, 아메리칸 위스키는 1차 증류기를 비어스틸Beer Still로 부르고 있습니다.

증류를 마친 증류원액을 스코틀랜드는 '뉴 메이크 스피릿', 미국은 '화이트 독'이라 부릅니다.

병 표기에서는 대표적으로 위스키의 철자 차이 Whisky와 Whiskey가 있습니다. 알코올 도수abv를 표기할 때도 스카치위스키는 퍼센트%로 기재하며, 아메리칸 위스키는 프루프proof를 사용하기도 합니다. 또한 스카치위스키를 비롯해 대부분의 나라에서는 위스키병의 용량이 700mL이지만, 아메리칸 위스키는 750mL의 용량을 사용합니다.

1970년대에 국제 표준 와인, 증류주, 리큐어의 병 크기가 750mL로 정해졌습니다. 미국의 경우 1/5gal(757mL)과 비슷한 용량이며, 유럽의 경우 225L짜리 와인 오크통에서 300병이 나오는 용량이었습니다. 이후 유럽은 1990년에 증류주와 리큐어의 용량을 700mL로 변경했으며, 미국은 750mL 크기의 병을 계속 사용하고 있습니다.

앞서 말했듯 위스키를 숙성하는 오크통의 명칭도 달라서 스코틀랜드는 '캐스크', 미국은 '배럴'이라 부릅니다. 스카치위스키는 숙성 과정에 다양한 오크통을 사용할 수 있지만, 아메리칸 위스키는 새 오크통을 사용해야 합니다. 스카치위스키는 색을 내기 위해 색소를 사용허용하고, 아메리칸 위스키는 캐러멜 색소를 사용허용하지 않습니다.

스코틀랜드와 미국의 기후에 따른 천사의 몫숙성되면서 자연적으로 증발하는 양에도 많은 차이가 있겠네요.

또한 자신이 직접 증류하지 않으면서 위스키를 생산하는 업체를 스카치위스키에서는 독립병입자 Independent bottler 라고 하며, 아메리칸 위스키에서는 비증류기 생산 업체 Non Distiller Producer, NDP 라고 부릅니다.

마스터 블렌더와 마스터 디스틸러

산업 환경의 발달로 증류소의 총괄 책임자 역할도 변화했습니다. 단순히 제품을 생산하는 데 그치지 않고 제품과 증류소를 대표하면서 판매에도 영향을 끼치고 있으며, 점점 그 역할이 확대되고 있습니다.

스코틀랜드와 미국은 위스키 증류 및 총괄 책임자를 부르는 명칭에도 차이가 있습니다. 명칭이 명확하게 구분되어 있는 것은 아니지만, 일반적으로 스코틀랜드에서는 위스키 증류 및 총괄 책임자를 마스터 블렌더Master blender라고 하고, 미국에서는 마스터 디스틸러Master distiller로 부릅니다. 이때 '마스터'는 존칭 정도로 보면 될 듯합니다.

이는 단순히 증류 및 제품 생산의 총괄 책임자를 지칭하는 명칭의 차이로 볼 수도 있지만, 그 배경에는 두 나라 위스키의 차이점도 있습니다.

마스터 디스틸러
MASTER DISTILLER

링컨 헨더슨
LINCOLN HENDERSON

지미 러셀
JIMMY RUSSELL

부커 노
BOOKER NOE

스카치위스키는 여러 증류소의 위스키를 섞어 만드는 블렌디드 위스키가 일반적이었습니다. 따라서 이들의 위스키 생산에서 가장 중요한 건 여러 증류소의 원주로 일정 수준 이상의 위스키를 만드는 노하우였죠. 블렌딩 능력이 중요했는데 블렌더가 그 일을 하면서 '마스터 블렌더'라는 명칭이 생겼습니다.

아메리칸 위스키의 경우 증류소 간의 교류 없이 한 증류소에서 개별적으로 만든 위스키가 일반적이었습니다. 물론 미국도 증류소 간의 협력 관계나 교류는 있지만, 스카치위스키처럼 블렌디드 위스키

제조를 위한 필수적인 생산 환경이라기보다 단순한 협력 관계나 인수 과정의 협력이 주를 이루고 있습니다. 때문에 위스키 생산은 증류소 단위로 이뤄졌고 증류소를 책임지는 사람을 '마스터 디스틸러'로 부르게 되었습니다.

스카치위스키 중에도 싱글몰트 위스키가 늘어나고 증류소 이름으로 된 위스키들이 생산 및 판매되기 시작하면서, '마스터 디스틸러'라는 명칭도 흔히 사용되고 있습니다. 그만큼 점차 증류소 중심의 제품 생산이 일반적인 방식이 되고 있다는 의미겠죠.

라벨 살펴보기

■ 스카치위스키(글렌알라키)

스카치위스키의 필수 표기 사항으로는 위스키의
상표싱글몰트의 경우 증류소 이름인 경우가 많음을 비롯
해 종류, 용량, 스카치위스키 표기가 있습니다.

그 밖에도 숙성 연수, 5곳의 생산 지역스페이사이드
는 하이랜드로 표기 가능, 색소 및 칠 필터링 여부, 오크

통의 종류, 사용 횟수, 병입 종류캐스크 스트렝스, 싱글
캐스크 등, 생산 책임자 등을 표기하고 있습니다.

조금이라도 판매에 도움이 될 만한 내용이라면 자
세히 표기하는 경우가 많으며, 그렇지 않은 내용은
규정에 따라 최소한으로 넣기도 합니다.

■ **아메리칸 위스키(러셀)**

아메리칸 위스키의 필수 표기 사항으로는 위스키 상표 이름, 용량, 알코올 도수 등이 있습니다. 그 밖에도 숙성 연수, 위스키 종류 버번, 테네시, 라이, 위트 등, 생산 지역 등을 표기하고 있습니다. 과거에는 스카치위스키에 비해 많은 내용을 표기하지 않았으나 현재는 칠 필터링, 병입 상태, 피니시 캐스크 등 점점 많은 내용을 기재하고 있습니다.

스카치위스키, 아메리칸 위스키 모두 라벨 표기 방식에 대한 생산자와 소비자의 요구가 상반되는 경우가 많으며, 라벨에 규정에 따라 위스키 정보를 표기하고는 있지만 규정 외의 표기는 제멋대로인 경우가 많아 혼돈을 주기도 합니다.

러셀
RUSSELL'S

위스키 상표
RUSSELL'S

생산지역
KENTUCKY

생산 책임자
(만든 사람)
JIMMY RUSSELL
EDDY RUSSELL

스트레이트
버번
STRAIGHT
BOURBON

싱글 배럴
SINGLE BARREL

칠 필터링
NON CHILL FILTERED

용량
750ML

알코올도수
55% 110 PROOF

아메리칸 위스키 생산 지역

아메리칸 위스키
AMERICAN WHISKEY

아메리칸 위스키 하면 버번이고, 버번은 아메리칸 위스키에서 큰 부분, 어쩌면 대부분을 차지합니다. 앞에서 살펴본 것과 같이 버번이 생산 지역이 아닌 제조 방식에 따른 구분이라면, 버번의 고장은 어디일까요? 두말할 것 없이 켄터키입니다. 자연스럽게 연상되지요.

미국 내에는 위스키 호황의 바람을 타고 수많은 증류소가 새로, 혹은 다시 문을 열고 있습니다. 특히 작은 규모의 크래프트 증류소가 많이 생기는 추세입니다. 미국 전역에 증류소가 2,000곳이 넘을 정도이며, 대부분 근 10년 사이에 호황의 바람을 타고 생겨났습니다. 아메리칸 위스키 시장은

점점 더 확대되고 다양해지고 있죠.

라이, 위트, 몰트, 라이몰트 외 위스키의 생산도 점점 늘어나고 위스키의 가격도 높아지고 있습니다. 늘어나는 재고량에 따라 질 좋은 위스키가 더 많아지고 있으며, 소량의 특별한 제품으로 생산되고 있습니다. 그러면서 미국에서 쉽게 볼 수 있었던 위스키가 점차 사라지고 있기도 합니다. 제품 간 격차는 어쩔 수 없이 발생하는 현상이며, 한동안 이런 분위기는 계속될 듯합니다.

그럼에도 우리가 즐길 위스키는 많고, 또 계속 늘어나고 있습니다. 자, 이제 본격적으로 아메리칸 위스키를 만나볼까요?

켄터키

버번위스키는 대부분 켄터키주 Kentucky 에서 생산합니다. '버번'이라는 단어의 유래로 흔히 이야기되는 '버번 카운티'는 켄터키주의 카운티 행정구역 중 하나로 우리나라의 군에 해당 중 하나입니다.

미국의 유명한 증류소들 대부분이 켄터키주에 있습니다. 아메리칸 위스키의 양대 산맥 중 하나인

짐 빔을 비롯해 메이커스 마크, 와일드 터키, 버팔로 트레이스 등이 켄터키주에 있지요. 과거에 위스키 무역의 이동 수단이었던 미시시피강과 이어지는 오하이오강이 있는 도시 루이빌에는 올드 포레스터, 믹터스, 에번 윌리엄스 등의 증류소가 있습니다.

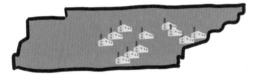

테네시

켄터키 남쪽에 맞붙어 있는 테네시주 Tennessee 에도 증류소들이 있습니다. 세계적으로 가장 많이 팔리는 아메리칸 위스키인 잭 대니얼을 비롯해, 테네시위스키의 링컨 프로세스를 따르지 않는 링컨 카운티의 증류소인 프리차드, 그리고 'whiskey'에서 'e' 자를 뺀 'whisky'를 사용하는 조지 디켈의 증류소가 테네시주에 있습니다.

MGP 증류소

인디애나주 로렌스버그에 MGP 증류소가 있습니다. 1847년에 공식적으로 설립되었으며, 1933년에 시그램이 매입한 뒤 페르노리카의 소유가 되었고, 폐쇄까지 논의되다 결국 2011년에 MGP MGP Ingredients 가 매입하여 MGP 증류소가 되었습니다.

MGP 증류소는 주로 계약을 맺고 생산하는 방식으로 운영합니다. 50종이 넘는 제품을 증류하며, 특히 높은 함량의 라이위스키를 생산하는 것으로 유명하지요. 알려진 브랜드로는 엔젤스 엔비, 리뎀션, 불릿, 레벨 옐, 조지 디켈 등이 있으며, 공개하지 않은 많은 제품을 생산하고 있습니다. 가장 많이 생산하는 위스키는 디아지오의 제품입니다.

2000년에 폐쇄까지 고려했지만, 현재는 수많은 제품을 생산하며 누구나 자신의 브랜드 위스키를 만들 수 있도록 도와주고 있습니다. MGP 증류소는 아메리칸 위스키의 인기를 상징하는 '특별한 증류소'라고 할 수 있습니다.

JACK DANIEL'S 잭대니얼
OLD NO.7 TENNESSEE WHISKEY

- 증류주
- 위스키
- 아메리칸 위스키
- 테네시 위스키
  (단풍나무 숯 여과)
- 설립자 "잭대니얼"
  1866년 등록, 증류소설립,
- OLD NO.7의 의미
  행운의 숫자?
  7번째 레시피?
  잭의 7명의 여자친구?
  증류소 번호?
- 40%
- 잭대니얼 생산
- 브라운포맨 소유

JIM BEAM 짐빔
KENTUCKY STRAIGT BOURBON WHISKEY

- 증류주
- 위스키
- 아메리칸 위스키
- 버번 위스키
- 1795년 첫생산 (판매)
- 4년숙성
- 설립자 제이컵 빔의
  증손자 제임스 빔
  JAMES - JIM
- 40%
- 짐빔 생산
- 빔산토리 (산토리) 소유

잭 대니얼 올드 넘버 7 테네시위스키
JACK DANIELS OLD NO.7 TENNESSEE WHISKEY

잭 대니얼은 가장 유명하면서도 세계적으로 가장 많이 팔린 아메리칸 위스키입니다. 옥수수 함량이 높은 위스키로 '잭콕'이라는 칵테일을 만들 때 사용되기도 합니다. 법적으로는 버번위스키라 할 수 있겠지만 테네시위스키로 따로 분류되고 있습니다. 일반적인 버번위스키와의 차이점은 테네시에서 생산되었다는 점, 목탄숙성법(단풍나무 숯 여과) 등을 사용했다는 점입니다. 설립자인 잭 대니얼이 마스터 디스틸러로서 1866년 '미국에서 가장 먼저 정식으로 등록한 증류소'라는 주장도 있습니다.

짐 빔 켄터키 스트레이트 버번위스키
JIM BEAM KENTUCKY STRAIGHT BOURBON WHISKEY

짐 빔은 잭 대니얼에 이어 두 번째로 많이 판매되고 있는 아메리칸 위스키입니다. 가장 많이 팔리는 버번위스키라고도 할 수 있겠죠. 독일계 이민자인 제이컵 빔이 설립했으며, 설립자의 증손자인 제임스 빔의 이름을 따서 '짐 빔'이 되었습니다(이전에는 'Old Tub'라는 이름이었음). 제임스 빔의 외손자가 그 유명한 마스터 디스틸러인 프레드릭 부커 노 2세입니다. 금주법 시절에 증류소 문을 닫았는데, 짐 빔 증류소의 220년 역사상 이 시기에만 증류를 하지 않았다고 합니다. 증류소는 2011년 산토리에 매각되었습니다. 짐 빔(화이트)은 4년 숙성 제품으로 잭 대니얼처럼 콜라와 함께 '짐콕'으로 칵테일에 많이 사용됩니다.

Maker's Mark
메이커스마크
KENTUCKY STRAIGHT BOURBON

BUFFALO TRACE
버팔로 트레이스
KENTUCKY STRAIGHT BOURBON WHISKEY

- 증류주
- 위스키
  - 아메리칸 위스키
  - 버번 위스키
  - 켄터키
  - 레드왁스 봉인
- 1953년 설립
  - 설립자가족이 (MARGIE SAMUEL) 만든 마크 배낭센팩사 에서 영감을 받음
  - WHISKY 철자사용
- 45%
- 메이커스마크 생산
- 빔 산토리 소유

메이커스 마크 켄터키 버번위스키
MAKER'S MARK KENTUCKY BOURBON WHISKY

- 증류주
- 위스키
  - 아메리칸 위스키
  - 버번위스키
  - 스트레이트위스키
- 1779년 설립
- 1999년 출시
  - GEORGE T. STAGG 에서 BUFFALO TRACE로 증류소이름 변경
  - 광야에 길을 낸 버팔로와 같은, 역대 개척자들의 정신에 찬사
- 45%
- 미국, 켄터키
- 버팔로트레이스 생산
- 사제락 소유

버팔로 트레이스 켄터키 버번위스키
BUFFALO TRACE KENTUCKY BOURBON WHISKEY

메이커스 마크는 빌 사무엘이 1953년 벅스 증류소를 인수하며 1958년부터 생산한 위스키이자 증류소 이름입니다. 증류소는 1981년 하이람 워커에게 매각된 뒤 현재는 산토리의 소유입니다. 메이커스 마크는 다소 비싸다는 점을 내세운 프리미엄 버번위스키로, 왁스로 밀랍된 병마개가 가장 큰 특징입니다. 왁스 밀랍 외에도 사각의 병과 라벨 디자인, 증류소 운영 등을 빌 사무엘의 아내인 마지 사무엘이 주도했고 그녀는 켄터키 버번 명예의 전당에 이름을 올리기도 했습니다. 2013년에 도수를 3% 낮췄다가 좋지 않은 반응을 얻고 철회한 적이 있습니다. 그럼에도 낮은 도수로 숙성하고 밀의 함유량이 많아 부드러우며, 잭 대니얼과 짐 빔에 이어 세 번째로 많이 팔리는 아메리칸 위스키입니다.

버팔로는 사제락의 인수로 인해 '조지 T. 스태그'에서 '버팔로 트레이스'로 증류소명을 변경할 때 함께 출시한 같은 이름의 위스키입니다. 여담이지만 이 증류소는 200년이 넘는 역사를 가졌으며, 금주법 시절에도 의약용을 생산하며 증류를 멈추지 않았다고 합니다. 증류소와 관련한 이들의 이름을 붙인 프리미엄 위스키를 생산하고 있으며, 버팔로 트레이스가 주력 제품이자 대표 제품입니다. 옥수수 85%를 비롯해 10% 미만의 라이, 그리고 5%가량의 맥아를 사용하여 라이 비율이 낮은 버번위스키입니다. 국내에서도 쉽게 만날 수 있습니다.

WILD TURKEY 와일드터키 101
KENTUCKY STRAIGHT BOURBON WHISKEY

- 증류주
- 위스키
  - 아메리칸 위스키
  - 버번 위스키
  - 스트레이트 위스키
- 1940년 설립
- 야생칠면조
  WILD TURKEY "HILL"
  증류소가 있는 지역
  칠면조 사냥에서 나뉘마심
- 101 Proof
  50.5%
- 미국, 켄터키
- 와일드터키 생산
- 캄파리그룹 소유

와일드 터키 101 켄터키 버번위스키
WILD TURKEY 101 KENTUCKY BOURBON WHISKEY

오스틴 니콜스 증류소는 여러 증류소의 위스키를 받아 1940년부터 '와일드 터키'라는 이름으로 위스키를 판매하였습니다. 증류소는 리젯 그룹에 매각되었고, 리젯 그룹은 옛 리피 형제의 증류소도 매입한 뒤, 증류소 이름을 와일드 터키로 변경했습니다. 그 후 와일드 터키 증류소는 페르노 리카를 거쳐 현재 캄파리 그룹의 소유가 되었습니다. 와일드 터키 위스키명에서 '101'은 101proof(50.5%)를 의미하며, 보리와 호밀이 비슷하게 들어가는 버번위스키입니다. 흔히 메이커스 마크, 버팔로 트레이스와 함께 가성비 좋은 버번 위스키로 꼽고 있습니다. 국내에서도 어렵지 않게 접할 수 있습니다.

RUSSELL'S 러셀
RESERVE SINGLE BARREL BOURBON

- 증류주
- 위스키
  - 아메리칸 위스키
  - 버번위스키
  - 싱글배럴 위스키
- 2013년 출시
- JIMMY "RUSSELL"
  EDDIE "RUSSELL"
  마스터디스틸러
- 55%
  110 PROOF
- 미국, 켄터키
- 와일드터키 생산
- 캄파리그룹 소유

러셀 리저브 싱글배럴 버번위스키
RUSSELL'S RESERVE SINGLE BARREL BOURBON WHISKEY

와일드 터키에 위스키를 판매했던 옛 리피 형제의 증류소에는 '지미 러셀'이라는 유명한 마스터 디스틸러가 있었습니다. 러셀 위스키는 지미 러셀과 그의 아들 에디 러셀이 함께 만든 위스키입니다. 러셀 리저브 싱글배럴은 국내에도 정식 수입되어 많은 사랑을 받고 있습니다. 다른 싱글배럴 위스키에 비해서 어렵지 않게 접할 수 있으며, 가격도 미국과 비교해 큰 차이가 없어서(물론 변동이 있기는 하지만), 여러모로 아메리칸 싱글배럴 위스키 중에서 가장 만나기 쉬운 제품입니다.

- 증류주
- 위스키
- 아메리칸 위스키
- 버번위스키
- 1987년 설립
- 설립자
  톰 불릿
  TOM BULLEIT
- 45%
- 미국, 켄터키
- 불릿 생산
- 디아지오 소유

불릿 스트레이트 버번위스키
BULLEIT STRAIGHT BOURBON WHISKEY

불릿은 톰 불릿이 만든 위스키입니다. 그의 고조할아버지가 만들었던 위스키 레시피를 토대로 만든 버번위스키입니다. 1987년 버팔로 트레이스의 증류소에서 첫 증류와 숙성을 했으며, 출시한 뒤 시그램에 매각되었습니다. 이후 같은 시그램 소유의 포어 로제스 증류소로 이전하여 생산되던 중, 포어 로제스는 기린으로, 불릿은 디아지오로 나누어 매각되었습니다. 몇 년 전까지는 계속해서 포어 로제스 증류소에서 생산되었으나, 지금은 새로 만든 불릿 증류소에서 생산되고 있습니다. 대표 제품인 불릿 버번위스키는 호밀 비중이 높은 편이고, 95%의 호밀로 만든 라이위스키도 유명합니다. 버번과 라이 모두 국내에서 쉽게 만날 수 있습니다.

- 증류주
- 위스키
- 아메리칸 위스키
- 버번위스키
- 싱글배럴 위스키
- 1888년 설립
- 4송이 장미꽃
  설립자의 프러포즈에
  4송이 장미꽃장식으로
  승낙
- 50%
- 미국, 켄터키
- 포어로제스 생산
- 기린 브루어리소유

포어 로제스 싱글배럴 버번위스키
FOUR ROSES SINGLE BARREL BOURBON WHISKEY

포어 로제스는 설립자 폴 존슨 주니어가 생산하고 판매하던 위스키입니다. 이름에 관한 설은 여러 가지가 있지만, 설립자의 프러포즈에 4송이 장미꽃 장식으로 승낙했던 연인과의 에피소드에서 유래했다는 설이 가장 널리 퍼져 있습니다. 폴 존슨 컴퍼니는 1922년 프랭크 포트 증류소를 인수하고 위스키를 생산하다가 1943년에 시그램에 매각되었습니다. 시그램은 미국 내에서는 버번이 아닌 블렌디드 위스키로 판매하기로 결정하였고 버번위스키는 1960년부터 미국 내 판매를 중단하고 유럽과 일본 시장에서만 판매했습니다. 2002년 기린에 매각되며 미국에서도 다시 판매하기 시작하였습니다. 포어 로제스는 5가지의 효모와 2종류의 매시빌을 혼합하여 제품마다 다르게 사용하는 것으로 유명합니다.

SAZERAC RYE
사제락 라이
SAZEAAC STRAIGHT RYE WHISKY

ELIJAH CRAIG
엘라이져크레이그
ELIJAHCRAIG SMALLBATCH BOURBON

- 증류주
- 위스키
- 아메리칸 위스키
- 라이위스키
- 1850년 설립
- 사제락위스키
- 사제락 커피하우스 코냑
  'SAZERAC DE FORGE'를 수입해서 팔던 바
- 45%
- 미국, 켄터키
- 버팔로 트레이스 생산
- 사제락 소유

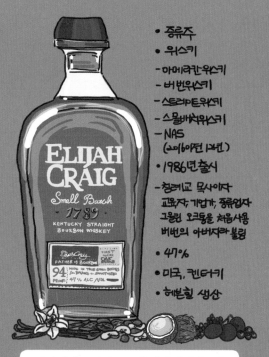

- 증류주
- 위스키
- 아메리칸위스키
- 버번위스키
- 스트레이트위스키
- 스몰배치위스키
- NAS (2016년부터 1번)
- 1986년 출시
- 침례교 목사이자 교육자, 기업가, 증류업자 그을린 오크통을 처음사용 버번의 아버지라 불림
- 47%
- 미국, 켄터키
- 헤븐힐 생산

사제락 라이위스키
SAZERAC RYE WHISKEY

사제락은 과거 1800년대 뉴올리언스에서 코냑을 수입하여 판매하던 커피하우스로, 여러 손을 거쳐 토마스 H. 핸디에게 판매되었습니다. 칵테일에 사용되는 사제락 코냑은 필록세라 사태로 해충 피해를 입으면서 지금과 같은 라이위스키로 대체되었습니다. 사제락은 1992년 조지 T. 스태그 증류소를 인수했고(버팔로 트레이스로 이름 변경) 이곳에서 생산하고 있습니다. 사제락 라이위스키는 보통 6년 정도 숙성하며, 이견 없이 세계적으로 가장 유명한 라이위스키입니다.

엘라이져 크레이그 스몰배치 버번위스키
ELIJAH CRAIG SMALL BATCH BOURBON WHISKEY

엘라이져 크레이그는 헤븐힐 증류소에서 출시한 버번위스키로, 버번의 아버지라 불리는 목사이자 증류업자였던 엘라이져 크레이그의 이름에서 가져왔습니다. 엘라이져 크레이그는 버번위스키의 가장 큰 특징이라 할 수 있는 그을린(내부를 태운) 오크통을 처음 사용한 사람이라고 알려져 있으나 확실하지는 않습니다. 오래된 이야기는 희미해지고 덧칠되기 마련이니까요. 엘라이져 크레이그의 대표 제품은 스몰배치 12년 숙성 제품이었으나, 2016년부터 숙성 연수를 표기하지 않고 '스몰배치'라고만 표기하고 있습니다. 보통 8~12년 숙성하는 것으로 알려져 있습니다.

- 증류주
- 위스키
- 아메리칸위스키
- 버번위스키
- 스트레이트위스키
- 스몰배치위스키
- 1753년 설립
- 1950년 증류소를 구매한 루이스포맨의 두 아들 =MICHAEL + PETER =MICHTER 이름을 섞어 이름지은 위스키
- 45.7%
- 미국, 켄터키
- 믹터스 생산

믹터스 US 1 스몰배치 버번위스키
MICHTER'S US 1 SMALL BATCH BOURBON WHISKEY

1753년 설립되어 이곳저곳에 팔리고 문을 열고 닫기를 반복하던 증류소를 1950년에 루이스 포맨이 인수한 뒤 믹터스 위스키를 판매하기 시작했습니다. 위스키 이름은 그의 두 아들인 마이클(Michale)과 피터(Peter)의 이름을 섞어서 만들었다고 합니다. 증류소는 1989년에 파산했고, 이후 KBD 증류소(윌렛)에서 생산하는 위스키를 받아 판매하다가 지금은 켄터키 북부의 루스빌 시내에 증류소를 설립해 위스키를 생산하고 있습니다. 배치당 최대 20개의 배럴로 생산하는 스몰배치 위스키입니다.

- 증류주
- 위스키
- 아메리칸 위스키
- 버번위스키
- 2002년 출시
- 켄터키가 주로 (STATE) 분리된 해 '1792'
- 46.85%
- 미국, 켄터키
- 1792 생산 BARTON 1792 증류소(1879 설립)
- 사제락 소유

1792 스몰배치 버번위스키
1792 SMALL BATCH BOURBON WHISKEY

'1792'는 켄터키가 하나의 주로 분리 독립한 1792년을 의미합니다. 1792 스몰배치는 원래 '1792 Ridgemont Reserve'라는 이름의 8년 숙성 위스키였습니다. 스몰배치로 이름이 바뀐 뒤 요즘 많은 아메리칸 위스키들이 그렇듯, 숙성 연수를 표기하지 않고 있습니다. 스몰배치는 1792의 대표 제품으로 달달하고 스파이시하며 조금 높은 도수를 가진 버번위스키입니다. 1792 풀 프루프(스몰배치와 다른 제품으로 62%, 124proof) 제품이 짐 머레이의 《위스키 바이블 2019년》에서 아메리칸 위스키 부문을 수상했습니다. 사제락 소유의 바톤 증류소에서 생산하고 있습니다.

BOOKER'S 부커스
BOOKERS SMALL BATCH STRAIGHT BOURBON

- 증류주
- 위스키
- 아메리칸위스키
- 버번위스키
- 스몰배치 SMALL BATCH
- 배럴 스트렝스 BARREL STRENGTH
- 1992년 출시
- "BOOKER" NOE 짐빔의 손자 마스터 디스틸러
- 61~65%
- 미국, 켄터키
- 짐빔 생산
- 산토리 소유

부커스 스몰배치 버번위스키
BOOKER'S SMALL BATCH BOURBON WHISKEY

짐 빔의 손자이자 짐 빔의 마스터 디스틸러인 '부커 노'의 이름을 딴 위스키로, 짐 빔 스몰배치 컬렉션 4개의 위스키 중 하나입니다. 부커 노가 지인들에게 주기 위해 만든 배럴 스트렝스 위스키를 제품으로 출시한 것입니다. 대략 6~8년 동안 숙성하며 물에 타지 않고 병입하는 배럴 스트렝스로, 배치별로 도수가 조금 차이 나는데 보통 61~65% 정도입니다. 우리나라에서는 과거에 비해 가격도 높아지고 접하기 어려워졌습니다. 그나마 미국에서는 비교적 어렵지 않게 만날 수 있었지만 그곳에서도 조금씩 귀하신 몸이 되고 있습니다.

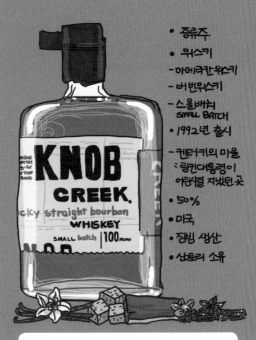

KNOBCREEK 놉크릭
SMALL BATCH STRAIGHT BOURBON WHISKEY

- 증류주
- 위스키
- 아메리칸위스키
- 버번위스키
- 스몰배치 SMALL BATCH
- 1992년 출시
- 켄터키의 마을 링컨대통령이 어린시절 지냈던 곳
- 50%
- 미국
- 짐빔 생산
- 산토리 소유

놉크릭 스몰배치 버번위스키
KNOB CREEK SMALL BATCH BOURBON WHISKEY

놉크릭은 미국 대통령 링컨이 어린 시절을 보냈던 켄터키주의 한 마을 이름입니다. 더 정확히는 가족의 농장을 지나던 개울 이름이었다고 합니다. 놉크릭 스몰배치는 1992년에 발매된 짐 빔 스몰배치 컬렉션 중 하나로, 과거에는 9년 숙성 제품으로 표기하였으나 2016년부터 숙성 연수를 표기하지 않고 있습니다. 2009년 원주가 모자라 생산이 중단되었을 당시, 품절 사태를 해결하기 위해 적은 연수의 숙성 위스키를 사용하지는 않을 것이라 했기 때문에 논란이 되었습니다. 2020년부터는 다시 9년 숙성 표기를 하고 있습니다.

WOODFORD RESERVE
우드포드 리저브
KENTUCKY BOURBON WHISKEY

OLD FORESTER
올드 포레스터
OLDFORESTER BOURBON WHISKY

- 증류주
- 위스키
- 아메리칸 위스키
- 버번위스키
- 1996년 출시
- 숙성연수 미표기 (NAS)
- 증류소 위치한곳 우드포드카운티 (켄터키 주)
- 45.2%
- 미국, 켄터키
- 우드포드 리저브생산
- 브라운포맨 소유

우드포드 리저브 켄터키 버번위스키
WOODFORD RESERVE KENTUCKY BOURBON WHISKEY

우드포드 리저브 증류소는 1812년에 설립된 이후 여러 번 이름을 변경하였으며, 여러 소유주를 거친 뒤 현재는 브라운 포맨의 소유가 되었습니다. 브라운 포맨이 1993년에 재매입(1941년 매입했으나 1970년대 매각)했고, 1996년 우드포드 리저브 켄터키 버번위스키를 출시했습니다. 매시빌 옥수수 72%, 호밀 18%, 보리 10%의 버번위스키로 숙성 연수 미표기 제품이며, 6~7년 정도 숙성한 것으로 예상합니다. 우드포드 리저브는 세 차례 증류하는 것으로 유명합니다.

- 증류주
- 위스키
- 아메리칸 위스키
- 버번 위스키
- 1870년 출시
  설립자
  조지 가빈 브라운
  (GEORGE GARVIN BROWN)
- 닥터 포레스터
  (DR. WILLIAM FORRESTER)
  조지 브라운의 위스키를
  구매하던 단골고객
  (환자에게 위스키 처방)
- 43%
- 미국
- 올드 포레스터 생산 (EARLY TIMES)
- 브라운포맨 소유

올드 포레스터 86 프루프 버번위스키
OLD FORESTER 86 PROOF BOURBON WHISKY

브라운 포맨의 설립자 조지 가빈 브라운이 1870년에 출시한 위스키입니다. 최초로 유리병에 담겨 판매된 버번위스키라는 이야기도 있습니다. 포레스터는 조지 브라운의 단골이자 의사였는데, 그의 이름을 따서 위스키의 이름을 지었습니다. 당시는 위스키가 약으로 처방되던 시절이었는데, 포레스터가 자신 있게 환자들에게 처방할 수 있는 위스키를 만들어달라는 요청을 했다고 합니다. 영화 〈킹스맨: 골든 서클〉에 등장했던 위스키의 모델로도 유명하며, 상영후 '올드 포레스터 스테이츠맨'이라는 제품이 출시되었습니다. 86proof는 43% 제품으로 올드 포레스터의 주력 위스키이며, 국내에서도 어렵지 않게 접할 수 있습니다.

WILLETT 윌렛

FAMILY ESTATE STRAIGHT RYE WHISKEY

- 증류주
- 위스키
  - 아메리칸 위스키
  - 라이 위스키
  - 캐스크 스트렝스
  - 4년 숙성
- 1936년 설립
- 2014년출시
  (2년숙성)
- 설립자 : 톰슨 윌렛
- 55% +-
- 미국, 켄터키
- 윌렛 생산
  (켄터키 버번 증류소)

윌렛 패밀리 에스테이트 라이위스키
WILLETT FAMILY ESTATE RYE WHISKEY

윌렛은 1936년 톰슨 윌렛이 설립한 증류소입니다. 1970년 대 석유파동 이후 연료용 에탄올을 생산하기도 했으며, 1980년대 초반 파산했으나 톰슨 윌렛의 사위가 인수한 뒤 다른 업체의 위스키 원액을 판매하는 비증류 생산(독립병입)으로 위스키를 판매했습니다. 이후 버번위스키의 인기와 원액 수급 등의 문제로 2010년부터 다시 자체 증류하기 시작했습니다. 윌렛 라이는 2012년 증류하여 2년 숙성한 제품을 출시했고, 이후 3년 숙성 제품을 거쳐 지금은 4년 숙성 제품을 출시하였습니다. 스몰배치에 캐스크 스트렝스 제품으로 라이위스키를 좋아하는 사람들에게 좋은 평을 받고 있습니다.

EVAN WILLIAMS 에번윌리엄스

EVAN WILLIAMS EXTRA AGED BOURBON WHISKEY

- 증류주
- 위스키
  - 아메리칸 위스키
  - 버번 위스키
- 1935년 설립 (헤븐힐)
- 1957년 출시
  - 1783년 켄터키에서 처음 증류를 한 사람 (이라 주장)
- 43% 86 PROOF
- 미국, 켄터키
- 헤븐힐 증류소 생산
- 헤븐힐 소유

에번 윌리엄스 스트레이트 버번위스키
EVAN WILLIAMS STRAIGHT BOURBON WHISKEY

1935년 설립된 헤븐힐 증류소에서 생산하는 에번 윌리엄스 위스키는 켄터키주에서 처음으로 위스키를 증류했다고 주장하는 에번 윌리엄스의 이름에서 가져왔으며, 1957년에 출시된 버번위스키입니다. 대표 제품인 블랙라벨(엑스트라 에이지드)은 과거 7년 정도 숙성한 위스키를 사용했고, 근 래에는 4~5년 정도 숙성한 위스키를 사용한다고 합니다. 다소 생소한 듯하나 아메리칸 위스키의 원투펀치인 잭 대니얼과 짐 빔의 다음 자리를 다투는 버번위스키입니다.

BASIL HAYDEN'S
바질헤이든
BASIL HAYDEN'S SMALL BATCH BOURBON WHISKEY

BAKER'S
베이커스
BAKER'S STRAIGHT BOURBON WHISKEY

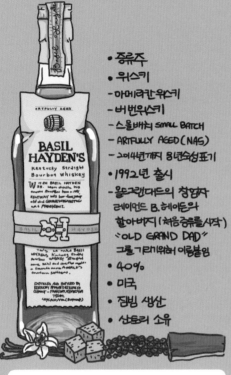

- 증류주
- 위스키
- 아메리칸위스키
- 버번위스키
- 스몰배치 SMALL BATCH
- ARTFULLY AGED (NAS)
- 2014년까지 8년숙성표기
- 1992년 출시
- 올드그랜드대의 창업자 레이먼드 B. 헤이든의 할아버지 (처음증류를시작) "OLD GRAND DAD" 그를 기리기위해 이름붙임
- 40%
- 미국
- 짐빔 생산
- 산토리 소유

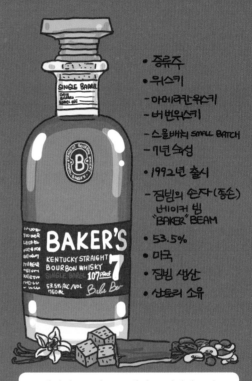

- 증류주
- 위스키
- 아메리칸위스키
- 버번위스키
- 스몰배치 SMALL BATCH
- 7년 숙성
- 1992년 출시
- 짐빔의 손자 (종손) 베이커 빔 "BAKER" BEAM
- 53.5%
- 미국
- 짐빔 생산
- 산토리 소유

바질 헤이든 버번위스키
BASIL HAYDEN'S BOURBON WHISKEY

바질 헤이든은 1840년 올드 그랜대드(짐 빔의 소유)를 창업한 레이먼드 헤이든의 할아버지입니다. 1796년부터 증류를 시작했던 레이먼드 헤이든의 할아버지는 올드 그랜대드와 그의 이름을 기리며 만들어진 바질 헤이든으로 기억되고 있습니다. 바질 헤이든은 1992년 출시한 짐 빔 스몰배치 컬렉션 중 비교적 낮은 도수의 제품으로, 특히 개성 있는 독특한 병이 인기에 한몫하고 있지요. 2014년 이전에는 '8년 숙성'이라 표기했으나, 지금은 숙성 연수를 표기하지 않고 'Artfully Aged'로 표기하고 있습니다.

베이커스 7년 스트레이트 버번위스키
BAKER'S 7 YEARS STRAIGHT BOURBON WHISKEY

짐 빔 스몰배치 컬렉션 4개의 위스키 중 하나인 베이커스 버번위스키. 53.5%로 107proof이기 때문에 '베이커스 107'로 불리기도 합니다. 베이커 빔은 짐 빔의 종손(조카의 아들)으로 어릴 때부터 짐 빔에서 일했습니다. 부커 노가 마스터 디스틸러가 되기 전에는 잠시 마스터 디스틸러를 맡기도 했다고 하죠. 베이커스 버번위스키는 2020년 병 디자인이 바뀌며 싱글배럴로 생산하고 있습니다.

ANGELS ENVY
엔젤스엔비
PORT BARREL FINISH BOURBON WHISKEY

EAGLE RARE
이글레어
KENTUCKY STRAIGHT BOURBON WHISKEY

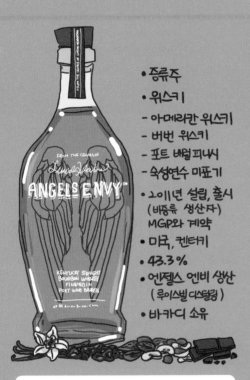

- 증류주
- 위스키
- 아메리칸 위스키
- 버번 위스키
- 포트 배럴피니시
- 숙성연수 미표기
- 2011년 설립, 출시
  (비증류 생산자)
  MGP와 계약
- 미국, 켄터키
- 43.3%
- 엔젤스 엔비 생산
  (루이스빌 디스틸링)
- 바카디 소유

- 증류주
- 위스키
- 아메리칸 위스키
- 버번 위스키
- 10년 숙성
- 1975년 출시
- 흰머리수리 상징
  AMERICAN BALD EAGLE
- 미국, 켄터키
- 45%
- 버팔로 트레이스 생산
- 사제락 소유

엔젤스 엔비 포트배럴 피니시 버번위스키
ANGEL'S ENVY KENTUCKY STRAIGHT BOURBON WHISKEY

엔젤스 엔비는 우드포드 리버브와 젠틀맨 잭을 만든 브라운 포맨의 디스틸러, 링컨 헨더슨이 독립하며 자신의 아들 그리고 손자와 함께 만든 비증류 생산회사이자 위스키 이름입니다. 초기 MGP 증류소에서 위탁 생산을 했으며, 지금은 자체 증류소를 만들어 직접 생산하고 있습니다. 헨더슨 가족이 경영·생산하고 있으며, 2015년 매각을 통해 현재 바카디의 소유입니다. 엔젤스 엔비는 버번위스키에서는 생소했던 3~6개월 정도 포트배럴에 마무리 숙성하는 포트배럴 피니시로 유명합니다. 포트배럴 외에도 럼, 세리배럴 제품도 생산하고 있습니다.

이글레어 켄터키 스트레이트 버번위스키
EAGLERARE KENTUCKY STRAIGHT BOURBON WHISKEY

1975년 시그램에서 출시된 위스키로 포어 로저스의 마스터 디스틸러이자 짐 빔의 종손인 찰스 빔이 만든 제품입니다. 1989년 사제락으로 매각되었고, 2005년 이전까지는 101proof(50.5%)였으며 현재는 45%입니다. 몇 년 전부터 숙성 연수 및 싱글배럴 표기를 하지 않고 있지만 10년 숙성 제품으로 국내에서도 어렵지 않게 만날 수 있습니다. 17년 숙성 제품은 버팔로 트레이스의 고가 제품군인 BTAC(버팔로 트레이스 앤티크 컬렉션) 중 하나입니다.

WILD TURKEY
RARE BREED
와일드터키
레어브리드

BARREL PROOF KENTUCKY BOURBON WHISKEY

- 증류주
- 위스키
- 아메리칸 위스키
- 버번 위스키
- 스트레이트 위스키
- 배럴 프루프
- "희귀 종"
- 58.4%(116PROOF)
- 미국, 켄터키
- 와일드터키 생산
- 캄파리그룹 소유

와일드터키 레어브리드 배럴 프루프 버번위스키
WILD TURKEY RARE BREED BARREL PROOF BOURBON WHISKEY

레어 브리드는 와일드에서 생산하는 58.4% 배럴 프루프 위스키입니다. 숙성 연수 미표기 제품이며, 5~12년 정도 숙성한 위스키를 사용하는 것으로 알려져 있습니다. 국내에도 판매하고 있으며 배럴 프루프 버번위스키 중에서 가장 쉽게 만날 수 있는 제품입니다. 실제로 국내 판매가도 미국과 크게 차이가 나지 않아서 많이 비교되는 러셀과 더불어 가성비 좋은 위스키로 꼽히기도 합니다.

NOAH'S MILL
노아스밀

SMALLBATCH BOURBON WHISKEY

- 증류주
- 위스키
- 아메리칸 위스키
- 버번 위스키
- 스트레이트 위스키
- 스몰 배치
- 1935년 설립 (윌렛)
- "노아의 방앗간"
- 57.15%
- 미국, 켄터키
- 윌렛 생산 (켄터키 버번 증류소)

노아스밀 스몰배치 켄터키 스트레이트 버번위스키
NOAH'S MILL SMALL BATCH KENTUCKY STRAIGHT BOURBON WHISKEY

노아스밀은 윌렛 증류소의 스몰배치 위스키입니다. 숙성 연수 미표기 제품으로 예전에는 15년 숙성 위스키였으나 지금은 4~15년 숙성 위스키를 사용하고 있습니다. 의미 없이 표기한 스몰배치가 아닌 실제 적은 수의 배럴을 섞어서 만드는 스몰배치 위스키로, 와인같이 병 뒤쪽 작은 라벨에 배치가 기재되어 있습니다. 라벨이나 이름 등 캐릭터가 비슷한 같은 증류소의 제품인 로완스 크릭과 비교해 도수와 가격이 높고 관심도도 높아 여러모로 형(?) 같은 위치의 위스키입니다. 숙성 연수의 아쉬움은 있지만 57.15%의 높은 도수와 다양한 풍미, 큰 변동이 없는 가격 등으로 좋은 평을 받고 있습니다.

BLANTON'S
블랑톤
ORIGINAL SINGLE BARREL BOURBON WHISKEY

KOVAL
코발
SINGLE BARREL BOURBON WHISKEY

- 증류주
- 위스키
- 아메리칸 위스키
- 버번 위스키
- 스트레이트 위스키
- 싱글배럴
- "앨버트 블랑톤" (증류소 운영자)
- 1984년 출시
- 46.5%
- 미국, 켄터키
- 버팔로 트레이스 생산
- 사제락 소유

블랑톤 오리지널 싱글배럴 스트레이트 버번위스키
BLANTON'S ORIGINAL SINGLE BARREL STRAIGHT BOURBON WHISKEY

블랑톤은 버팔로 트레이스를 운영하며 성장시킨 앨버트 블랑톤 대령의 이름을 기리며 마스터 디스틸러인 엘머티가 만들어 1984년에 출시한 첫 싱글배럴 위스키입니다. 발매 후 미국에서는 인기가 없었고 버번 붐이 일던 일본에서의 인기로 지금까지 계속 생산될 수 있었습니다. 당시 미국 위스키 시장은 과잉생산 이후 침체되는 중이었기에 애초에 일본 시장을 염두해두고 만들었다고 합니다. 독특한 병 디자인과 더불어 영화 〈존 윅〉에 등장한 위스키로도 유명합니다. 코르크 마개에는 켄터키 더비를 기념하는 말과 기수 장식이 있는데, 8개의 다른 자세를 가진 장식 덕분에 수집에 재미를 더해줍니다. 노아스밀, 부커스 등의 중간급 프리미엄 위스키였으나 높아진 몸값으로 만나기 조금 힘들어진 위스키가 되었습니다.

- 증류주
- 위스키
- 아메리칸 위스키
- 버번 위스키
- 스트레이트 위스키
- 싱글배럴
- 2008년 설립
- "검은 양" "대장장이"
- 조(MILLET) 49% (옥수수 51%)
- 47%
- 미국, 일리노이
- 코발생산

코발 싱글배럴 버번위스키
KOVAL SINGLE BARREL BOURBON WHISKEY

코발 증류소는 2008년 버네커 부부가 함께 설립한 크래프트 증류소입니다. 코발은 '검은 양', '대장장이'라는 두 가지 뜻을 가지고 있으며, 증조할아버지의 별명이기도 해서 그를 기리기 위해 이름 지었다고 합니다. 코발 증류소는 유기농 곡물을 사용해 위스키와 여러 증류주를 생산하고 있습니다. 대표 제품인 싱글배럴 버번위스키는 옥수수 외에도 조를 사용하며 30gal(113L)의 배럴에서 숙성합니다. 대표적인 미국 크래프트 증류소의 위스키로 국내에서도 만날 수 있습니다.

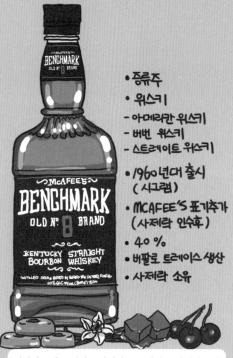

- 증류주
- 위스키
- 아메리칸 위스키
- 버번 위스키
- 스트레이트 위스키
- 1960년대 출시 (시그램)
- MCAFEE'S 표기추가 (사제락 인수후)
- 40%
- 버팔로 트레이스 생산
- 사제락 소유

벤치마크 올드넘버 8 켄터키 스트레이트 버번위스키

BENCHMARK OLD NO.8 KENTUCKY STRAIGHT BOURBON WHISKEY

- 증류주
- 위스키
- 아메리칸 위스키
- 버번 위스키
- 스트레이트 위스키
- 제임스 E. 페퍼 (설립자)
- 2012년 출시
- 50%
- 미국
- 제임스 E. 페퍼 생산 (올드페퍼 증류소)

제임스 E. 페퍼 1776 스트레이트 버번위스키

JAMES E. PEPPER 1776 STRAIGHT BOURBON WHISKEY

벤치마크는 1960년대 시그램에서 출시한 버번위스키입니다. 1989년 사제락의 버팔로 트레이스 인수 후 MCAFEE'S와 올드넘버 8을 표기하고 병 디자인을 바꿔 생산하고 있습니다. 각진 모양의 병과 올드넘버 라벨 디자인 등 누가 봐도 잭 대니얼을 벤치마킹(?)한 위스키입니다. 잭 대니얼보다 저렴한 가격으로 국내에서도 가성비 좋은 버번위스키로 알려져 있습니다. 버팔로 트레이스에서는 벤치마크에 탑 플로어, 스몰배치, 싱글배럴, 본디드, 풀 프루프 등 상위 제품들을 추가해 컬렉션으로 판매하고 있습니다.

페퍼 가문은 1780년 증류소를 설립하고 가족들과 함께 위스키를 생산해왔습니다. 제임스 E. 페퍼는 설립자의 손자이며, '올드페퍼'라는 이름으로 위스키를 생산하고 홍보했습니다. 숫자 1776은 그의 조부가 증류를 시작한 해로, 조부의 오래된 제조법으로 위스키를 생산하는 것을 내세우며 올드페퍼 위스키에 '올드 1776'이라는 별명을 붙여주었습니다. 증류소는 1958년부터 증류를 멈추고 1960년 후반에 문을 닫았다가, 기업가 아미르 페이가 2008년에 제품을 재출시했습니다. 제임스 E. 페퍼 위스키는 비증류 방식(타 증류소에서 증류하는 방식)으로 생산되며, 옥수수 60%, 호밀 36%의 매시빌로 호밀 함유량이 조금 높은 버번위스키입니다. 제임스 E. 페퍼는 2017년 증류소를 정비하고 다시 문을 열어 자신들의 증류소를 소유하게 되었습니다.

WHISTLEPIG
휘슬피그
10YEARS STRAIGHT RYE WHISKEY

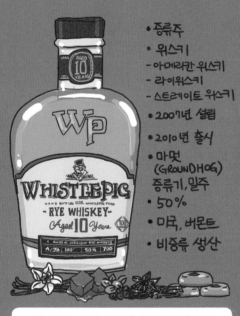

- 증류주
- 위스키
- 아메리칸 위스키
- 라이위스키
- 스트레이트 위스키
- 2007년 설립
- 2010년 출시
- 마멋 (GROUNDHOG) 증류기, 밀주
- 50%
- 미국, 버몬트
- 비증류 생산

휘슬피그 10년 스트레이트 라이위스키
WHISTLEPIG 10 YEARS STRAIGHT RYE WHISKEY

휘슬피그 증류소는 라이위스키 애호가로 구성된 사람들이 2007년 휘슬피그 농장을 구매하면서 설립되었고, 2010년 부터 위스키를 출시하고 있습니다. 휘슬피그는 마멋 (groundhog)을 말하며, 이는 증류기나 밀주를 뜻하는 속어입니다. 비증류 생산으로 메이커스 마크의 마스터 디스틸러인 데이브 피커렐의 도움을 받아 캐나다의 라이위스키를 선별 구매한 것으로 유명합니다(MGP 증류소에서도 가져오고 있음). 10년 숙성 제품은 호밀을 100% 사용하여 라이위스키의 풍미를 느끼기 좋으며, 100proof(50%)의 도수를 가집니다. 국내에도 정식 수입되어 외국과 비슷한 가격에 판매되고 있습니다.

MELLOW CORN
멜로우 콘
STRAIGHT CORN WHISKEY

- 증류주
- 위스키
- 아메리칸 위스키
- 콘 위스키
- 스트레이트 위스키
- 옥수수 80%이상
- 4년숙성 (사용했던 버번배럴)
- MELLOW CORN 익은 옥수수
- 50%
- 미국, 켄터키
- 헤븐힐 증류

멜로우 콘 스트레이트 콘위스키
MELLOW CORN STRAIGHT CORN WHISKEY

멜로우 콘은 헤븐힐에서 생산하는 콘위스키입니다. 콘위스키가 드물기 때문에 가장 유명한 콘위스키로 80% 이상의 옥수수를 사용합니다. 콘위스키는 태운 오크통을 사용하지 않아도 되어서 투명한 색을 가진 경우가 있으나, 멜로우 콘은 사용했던 버번 배럴에서 4년 동안 숙성하기 때문에 옅은 황금색을 띠고 있습니다. 달달하고 기름지며 가벼운 풍미 덕분에 칵테일로도 많이 소비되는데, 국내에서는 정식 수입되지 않아 쉽게 만나기 어려운 위스키입니다.

패피 반 윙클
PAPPY VAN
WINKLE'S

W.L. 웰러
W.L. WELLER

패피 반 윙클과 W.L.웰러

현재 버번위스키 아메리칸 위스키 는 어느 때보다 좋은
시기를 보내고 있습니다. 가격은 나날이 높아지고
생산량과 재고량도 과거에 가장 높았던 때를 넘어,
아메리칸 위스키 사상 최고점을 찍고 있으니까요.
그러면서 예전과 같은 가격으로는 만날 수 없는 위
스키들이 점점 많아지고 있습니다.

버번위스키의 가격 상승은 간단하게 수요와 공급의
법칙에 따른 것입니다. 이는 버번위스키뿐 아니라
스카치위스키나 재패니즈 위스키도 마찬가지입니
다. 권장 소비자가는 있으나 실제 구매가는 몇 배를
넘어가는 일이 보편화된 것이죠.

그런 위스키들의 가격 상승의 시발점, 또는 현상을
잘 보여주는 위스키가 있습니다. 바로 버팔로 트레
이스의 패피 반 윙클과 W.L.웰러 위스키입니다.

패피 반 윙클은 1994년에 20년 숙성 제품, 1998년
에 23년 숙성 제품, 2004년에 15년 숙성 제품을 출
시했습니다. 이때까지는 100불이 안 되는 가격으로
이 제품들을 어렵지 않게 구할 수 있었습니다. 그러
다 2000년 중반이 지나 위스키 시장의 급성장하면

서 패피 반 윙클이 인기를 끌었습니다. 그로 인해 가
격이 폭등하여 수집가와 마니아들이 구하기 어려워
지자 그들의 관심은 같은 매시빌로 만드는 W.L.웰
러 12years로 넘어갔습니다. '가난한 자의 패피'로 불
리며 선풍적인 인기를 얻으면서 짧은 시간에 웰러
역시 구하기 어려운 위스키가 되어버렸죠. 시가가
권장 소비자가의 몇 배가 되어버리는 현상은 또 다
른 위스키로 계속 이어졌습니다.

버팔로 트레이스 앤티크 컬렉션

버팔로 트레이스의 고숙성 프리미엄 위스키들을 같은 병 디자인으로 제품군을 만들어 판매하기도 합니다. 위장보다 장식장으로 많이 들어간다는 '버팔로 트레이스 앤티크 컬렉션'입니다.

버팔로 트레이스는 조지 T. 스태그, 윌리엄 라루 웰러, 토마스 H. 핸디, 이글레어 17년, 사제락 라이위스키 18년까지 5개의 위스키 컬렉션입니다. 발매될 때마다 증류나 병입 시기, 증류 도수, 병입 도수, 배럴 사이즈, 숙성 창고와 그 위치, 증발량 등 상세한 정보를 공개하고 있습니다.

이 위스키들도 권장 소비자가는 100불 내외이지만 시가는 그 몇 배를 형성하는 대표적인 제품입니다. 물론 우리나라에서는 이런 가격 상승에 대한 불만이 사치로 느껴질 만큼 먼 거리에 있긴 하지만, 위스키를 즐기는 사람들이 늘어날수록 그 거리가 좁혀지리라 생각합니다.

아이리시 위스키

다시 스코틀랜드 인근으로 돌아올까요? 지금부터 알아볼 위스키는 최초로 위스키를 증류했다고 주장하는 아일랜드의 '아이리시 위스키'입니다. 한때 세계에서 가장 잘나갔던 위스키이기도 하지요.

아일랜드 위스키의 역사

서유럽의 섬나라 아일랜드는 영국의 서쪽에 있습니다. 한때 영국의 지배를 받다가 20세기 초에 독립했지만 아일랜드섬 북동부 지역의 북아일랜드는 아직도 영국령으로 남아 있고, 불과 얼마 전까지만 해도 영국과 아일랜드 간 분쟁 갈등이 심했습니다. 위스키는 일반적으로 아일랜드에서 처음 만들어진 것으로 알려져 있습니다. 아랍의 증류법을 배운 아일랜드 수도사들이 처음으로 위스키를 증류했다고 합니다.

위스키의 어원도 위스게 베하 Uisce Beatha 라는 아일랜드의 게일어 같은 의미의 Uisge Beatha는 스코틀랜드 게일어 에서 왔으며, 지금도 '위스키'를 대신해서 표기되기도 합니다. 특히 아이리시 위스키에는 '위스게 베하 Uisce Beatha', '위스키 Whiskey, Whisky' 모두 사용할 수 있습니다.

아일랜드 위스키가 정말 인류 최초의 위스키인지 정확하게는 알 수 없지만, 위스키가 처음 알려질 당시 가장 유명한 위스키였던 건 분명합니다.

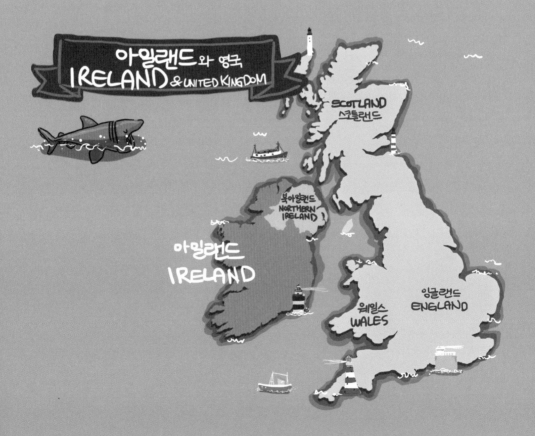

1600년대

1661년 위스키에 첫 주세가 부과되고 허가받지 않은 불법 증류소들이 밀주를 생산하기 시작했습니다. 소규모로 생산하던 투명한 색의 밀주들은 포친 혹은 포틴 Poitin, Potcheen, Poteen 이라 불렸으며, 이는 단지나 솥 pot 을 의미합니다. 이 밀주들은 미국의 문샤인 위스키처럼 지금도 생산되고 있습니다.

1700년대

1779년 도입된 증류법으로 많은 분쟁이 일어났습니다. 1700년대 후반 아일랜드에는 합법 증류소가 250여 곳 있었고, 그 몇 배에서 몇십 배에 달하는 불법 증류소 및 증류기가 있었습니다. 아일랜드 증류소들은 영국에서 맥아에 부과했던 세금 맥아세을 피하고자 발아하지 않은 보리를 넣어 증류했습니다.

반면 스코틀랜드는 맥아세를 면제받았기 때문에 이런 방식은 아이리시 위스키 고유의 제조 방식으로 남을 수 있었다고 합니다.

1800년대

1800년대 초반까지 아이리시 위스키는 위스키 중에서 가장 유명했습니다. 아이리시 위스키가 세계 위스키 시장의 대부분인 약 80%를 차지했죠. 아이리시 위스키의 공급을 위해 커다란 증류기를 사용했는데, 증류기가 너무 커서 위스키의 품질을 위해 증류를 세 차례나 해야 했습니다. 이렇게 맥아와 보리를 섞어 큰 증류기에서 세 차례 증류하는 팟스틸위스키 Pot Still Whiskey 방식이 생겨났습니다.

그럼에도 계속해서 증가하는 수요로 인해 아이리시 위스키의 품질이 낮아졌고, 엄격한 정부의 통제로 많은 증류소가 사라지기 시작했습니다. 그러던 중 낮은 세금을 부과하게 되자 위스키 생산이 다시 활기를 띠고, 1832년에 연속식 증류기가 발명되면서 빠르고 저렴하게 위스키를 생산할 수 있게 되었

습니다. 그러나 아일랜드 증류소들은 품질을 이유로 연속식 증류기를 사용하지 않았고, 반면 스코틀랜드에서는 연속식 증류기를 이용해 효율적으로 블렌디드 위스키를 생산합니다. 이때부터 스카치 위스키와 구분하기 위해 아이리시 위스키에 'e' 자를 더해 'Whiskey'라고 표기하게 되었죠.

아이리시 위스키의 역사에서 연속식 증류기가 중요한 비중을 차지하는 이유는 무엇일까요? 연속식 증류기를 발명해 특허를 받은 아네스 코피가 아일랜드인이라는 점도 있지만, 스카치위스키에 밀려 아이리시 위스키가 내리막길을 걷게 된 것이 연속식 증류기 사용 여부에 기인했습니다.

1900년대

아이리시 위스키는 계속해서 급격한 내리막길을 겪습니다. 제1차 세계 대전의 발발과 아일랜드 내전, 녹법 이후 영국과 영국연방의 수입금지 조치, 때마침 시작된 미국의 금주법, 그리고 제2차 세계 대전까지 겪으며 아이리시 위스키는 몰락에 가까운 처지에 몰리게 됩니다. 19세기에 90여 곳에 달했던 증류소는 이때 단 3곳만 남게 되었죠.

이 증류소들은 1966년에 디스틸러스 그룹으로 합병됩니다. 이곳에서 생산되는 아이리시 위스키 브랜드 제임슨Jameson은 1960년대부터 팟스틸위스키에 그레인위스키를 섞어 블렌디드 위스키를 만들기 시작했고, 이렇게 만들어진 블렌디드 위스키는 제임슨의 성장과 함께 아일랜드에서 생산되는 위스키의 대부분을 차지합니다.

디스틸러스 그룹이 1988년 다국적 대기업 페르노리카에 매각되어 성장의 발판을 마련하지만, 덕분에 온전한 아일랜드 소유의 증류소는 남지 않게 되었죠. 제임슨은 아이리시 위스키의 대명사가 되어 아이리시 위스키를 세계에 알렸고, 부드럽고 편안한 이미지로 점점 인기를 얻습니다.

1990년에서 2000년을 지나며 전 세계적인 위스키 호황기가 시작되면서 아이리시 위스키도 모처럼 더없이 좋은 날들을 보내고 있습니다. 이러한 호황기는 한동안 계속될 것으로 보입니다.

자, 그럼 이제부터 정확히 어떤 위스키를 아이리시 위스키라고 부르는지, 그리고 아이리시 위스키가 만들어지는 과정은 어떠한지 알아보도록 하겠습니다.

아이리시위스키
IRISH WHISKEY
아이리시 위스키의 법정 정의

아일랜드 (북아일랜드 포함)에서 증류, 숙성하는 위스키로

효모
YEAST

MALT GRAIN

당화통, 매시턴
MASHTUN

발아된 곡물을 당화후 효모 작용으로 발효

알코올 도수 94.8% (94.8℃) 이하로 증류

700L 를 초과하지 않는 나무통에서
최소 3년이상 숙성

물
WATER

캐러멜 색소
PLAIN CARAMEL
COLOURING

IRISH
WHISKE

40°

물과 캐러멜 색소만 첨가
병입시 알코올 도수 40%이상

아이리시 위스키의 정의

아이리시 위스키는 1880년 정의된 규정을 기초로 한 표기 규정과, 1950년 아이리시 위스키법으로 발효되고 1980년에 새로 개정된 위스키법으로 구분 및 정의하고 있습니다.

법적으로 정의된 아이리시 위스키의 주요 내용은 북아일랜드를 포함해 아일랜드에서 증류 _{증류 시} _{94.8% 미만}해야 하며, 몰트를 포함한 곡물을 사용하고, 700L를 초과하지 않는 오크통에서 최소 3년 이상 숙성한 제품을 말합니다.

병입 시 도수는 최소 40% 이상이어야 합니다. 그 밖에 증류기나 통에 대한 규정은 없습니다. 규정이 상당히 유연한 편이지요. 덕분에 아이리시 위스키 제조에는 여러 종류의 통과 다양한 곡물을 사용하고 있습니다.

아이리시 위스키의 종류

아이리시 위스키에는 4가지 종류가 있습니다. 바로 팟스틸위스키, 몰트위스키, 그레인위스키, 블렌디드 위스키입니다.

지금부터 이 4가지 종류의 아이리시 위스키에 관해 살펴보겠습니다.

IRISH WHISKEY

· **팟스틸위스키** Single Pot Still Whiskey, **퓨어팟스틸 위스키** Pure Pot Sill Whiskey

· **몰트위스키** Single Malt Whiskey

· **그레인위스키** Single Grain Whiskey

· **블렌디드 위스키** Blended Whiskey

보리
UNMALTED
30% ↑

+

맥아
MALTED
30% ↑

LARGE
POT STILL
대형
단식증류기

세 번 증류 TRIPLE DISTILLED

■ 팟스틸위스키(퓨어팟스틸 위스키)

팟스틸위스키 Single Pot Still Whiskey 는 한 증류소에서 주로 대형인 구리 단식 증류기로 맥아와 보리맥아 최소 30%, 보리 30% 이상, 기타 곡물은 5% 이내를 두세 번 증류하는 방식으로 만듭니다. 맥아와 발아하지 않은 보리를 섞어 사용하는 방식은 과거 17~18세기 후반 영국에서 맥아에 부과되는 세금을 피하고자 사용하기 시작한 것이지요. 과거 대부분의 아이리시 위스키가 이 방식으로 제조되었으며, 아이리시 위스키를 대표하는 증류 방식이기도 합니다.

증류소 한 곳에서 생산하면 '싱글(Single)'이라 표기할 수 있습니다. '퓨어팟스틸 위스키(Pure Pot Still Whiskey)'라고 부르기도 하지요. 싱글은 한 증류소에서 생산하는 위스키를 의미하지만, 팟스틸위스키도 모두 한 증류소에서 증류되기 때문에 구분 없이 사용합니다. 다른 싱글팟스틸 위스키나 그 외 방식의 위스키를 혼합하면 블렌디드 위스키로 분류하기 때문입니다.

맥아
MALTED
100 %

단식증류기
POT STILL

■ 몰트위스키

주로 소형인 구리 단식 증류기로 100% 맥아만 사용하여 증류하는 위스키를 몰트위스키 Single Malt Whiskey 로 표기합니다. 한 증류소에서 생산하는 위스키에는 싱글 Single 이라 표기할 수 있습니다.

■ 그레인위스키

그레인위스키 Single Grain Whiskey 는 한 증류소에서
주로 곡물을 증류해 만드는 위스키입니다. 맥아는
30% 이하로 사용해야 하며, 발아하지 않은 보리,
밀, 옥수수, 호밀 등의 곡물로 만드는 위스키로 연
속식 증류기로 증류합니다.

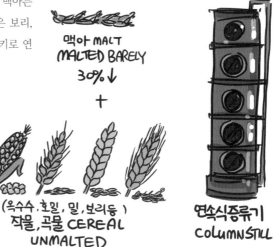

■ 블렌디드 위스키

앞서 설명한 방식으로 만든 위스키를 두 가지 이상
섞어 제조한 위스키를 블렌디드 위스키 Blended
Whiskey 라고 합니다. 대부분의 아이리시 위스키는
블렌디드 위스키입니다.

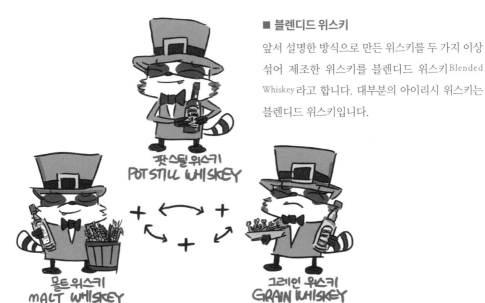

아일랜드 위스키증류소

Ireland WHISKEY DISTILLERIES

부시밀즈
BUSHMILLS

북아일랜드
NORTHERN
IRELAND

벨페스트
BELFAST

ECHLIVILE

RADEMON ESTATE

CONNACHT

THE SHED

GREAT NORTHERN

SLANE IRISH

쿨리
COOLEY

킬베간
KILBEGGAN

더블린
DUBLIN

PEARS LYONS

TEELING

TULLAMORE DEW
탈라모어

POWERSCOURT

BALLYKEEFE

WALSH

GLENDALOUGH

DINGLE

코크
CORK

미들턴
MIPLETON

WATER FORD

WEST CORK

아일랜드 증류소

수십 곳에 달했던 아일랜드 증류소들은 어려운 시절을 거쳐 1900년대 중반에는 단 3곳만 남게 되었습니다. 제임스 앤 선즈 James & Sons, 존 파워 앤 선 Joh Power & Son, 코크 디스틸러스 Cork Distillers 였지요. 이 증류소들을 합병하여 1966년 아이리시 디스틸러스 그룹 Irish Distillers Group 이 설립됩니다. 아이리시 디스틸러스 그룹은 기존의 증류소를 폐쇄하고, 1975년 아일랜드 남동부 코크 카운티의 미들턴에 이전해 새로운 증류소를 세웁니다. 아일랜드에는 한때 단 하나의 증류 회사만 남았다고 볼 수 있겠네요.

증류소는 미들턴, 부시밀즈 2곳이 남았으나 북아일랜드의 부시밀즈도 1972년에 합병됩니다. 참고로 부시밀즈는 2005년 디아지오에 매각되었고 현재는 호세쿠엘보 소유입니다. 그리고 페르노리카가 디스틸러스 그룹을 인수한 1988년과 비슷한 시기인 1987년에 쿨리 증류소가 설립되었습니다. 쿨리 증류소 덕에 아일랜드의 증류소가 완전히 없어지지는 않았습니다. 쿨리 증류소는 2011년 산토리에 매각되었습니다.

2000년을 지나며 세계적인 위스키 호황 속에 아일랜드에서도 증류소가 새로 설립되거나 다시 문을 열면서 현재 20곳 정도의 증류소에서 여러 제품을 생산하고 있으며 비슷한 수만큼의 증류소가 새로 설립될 예정입니다. 과거의 영광을 되찾기에는 아직 한참 멀었지만 열심히 달려가고 있습니다. 많은 고난 속에서도 살아남은 아이리시 위스키에 박수를 보내며 맛있는 위스키를 앞으로도 꾸준히 더 많이 만들어주기를, 그래서 더 쉽게 만날 수 있게 되기를 바랍니다.

세계에서 가장 큰 단식증류기
JAMESON STILL
IN MIDLETON DISTILLERY

JAMESON
제임슨
IRISH BLENDED WHISKEY

- 증류주
- 위스키
- 아이리시 위스키
- 블렌디드 위스키
- 3차례 증류
- 1780년 설립
- 설립자: 존 "제임슨"
- 40%
- 아일랜드
- 미들턴 증류소 생산
- 페르노리카 소유

제임슨 아이리시 위스키
JAMESON IRISH WHISKEY

제임슨 증류소는 1780년 존 제임슨에 의해 설립되었습니다. 아이리시 위스키의 대명사라고도 할 수 있는 제임슨 아이리시 위스키는 합병을 통해 대부분의 유명한 아이리시 위스키를 생산하는 미들턴 증류소에서 생산되며, 현재는 페르노리카의 소유입니다. 제임슨 아이리시 위스키는 19세기 초반에 세계에서 손꼽힐 정도로 유명한 위스키 중 하나였습니다. 대형 단식 증류기에서 보리와 맥아로 세 차례 증류해 생산한 팟스틸위스키와 그레인위스키를 섞어 만드는 블렌디드 위스키입니다. 지금도 가장 많이 팔리는 아이리시 위스키이며, 국내에서도 쉽게 만날 수 있습니다.

BUSHMILLS
부시밀즈
BUSHMILLS ORIGINAL BLENDED IRISH WHISKEY

- 증류주
- 위스키
- 아이리시 위스키
- 블렌디드 위스키
- 3차례 증류
- 1608년 설립
  (공식: 1784년)
- 증류소가 위치한 마을
  북아일랜드, 앤트림
- 40%
- 아일랜드(북아일랜드)
- 올드부시밀즈증류소 생산
- 호세 쿠엘보 소유

부시밀즈 오리지널 아이리시 위스키
BUSHMILLS ORIGINAL IRISH WHISKEY

부시밀즈 오리지널 아이리시 위스키는 세계에서 가장 오래된 증류소라 여겨지는 올드 부시밀즈 증류소의 아이리시 위스키입니다. 올드 부시밀즈는 1608년에 설립되어 공식 등록 기록이 1784년으로 되어 있으니, 이름처럼 오래된 증류소입니다. 현재 북아일랜드 앤트림의 '부시밀'이라는 같은 이름의 마을에 있습니다. 올드 부시밀즈 증류소에서는 팟스틸위스키와 싱글몰트 위스키를 생산하며, 블렌디드에는 다른 증류소의 곡물 위스키를 사용한다고 합니다. 부시밀즈 오리지널 아이리시 위스키도 세 차례 증류한 팟스틸위스키에 다른 그레인위스키를 섞어서 제조하는 블렌디드 위스키입니다.

TULLAMORE DEW
탈라모어듀
TULLAMORE DEW IRISH WHISKEY

레드 브레스트
REDBREAST
12 YEARS SINGLE POT STILL IRISH WHISKEY

- 증류주
- 위스키
- 아이리시 위스키
- 블렌디드 위스키
- 3차례 증류
- TULLAMORE
  큰 언덕, 위대한
  산을 의미하는
  아일랜드 중부지역 마을
  DEW
  'DANIEL' 'E.' 'WILLIAMS
  탈라모어의 창시자
  대니얼 E. 윌리엄스의
  머리글자
- 40%
- 아일랜드
- 탈라모어 생산
- 윌리엄그랜트 앤선즈 소유

- 증류주
- 위스키
- 아이리시 위스키
- 싱글팟스틸 위스키
- 3차례 증류
- 1857년 설립
  (W&A GILBEY)
- 1903년 발매
  (J.J. LIQUEUR
  WHISKEY)
- 울새, 붉은가슴새
- 40%
- 아일랜드
- 미들턴 증류소 생산
- 페르노리카 소유

탈라모어 듀 아이리시 위스키
TULLAMORE DEW IRISH WHISKEY

레드 브레스트 싱글 팟스틸 12년 아이리시 위스키
RED BREAST SINGLE POT STILL 12 YEARS IRISH WHISKEY

탈라모어는 '큰 언덕' 혹은 '위대한 산'을 의미하는 단어로 아일랜드 중부에 있는 마을 이름이기도 합니다. 듀는 증류소를 인수한 탈라모어 듀의 창시자 대니얼 E. 윌리엄스의 머리글자입니다. 탈라모어 듀를 생산하는 탈라모어 증류소는 1829년에 설립되어 1954년 문을 닫았습니다. 이후 탈라모어 듀 아이리시 위스키는 미들턴 증류소(아이리시 디스틸러스 그룹)에서 생산되다가, 윌리엄 그랜트 앤 선즈에서 브랜드를 매입한 뒤 2014년에 탈라모어 증류소를 다시 열었고, 지금은 제임슨 다음으로 많이 팔리는 아이리시 위스키가 되었습니다. 세 차례 증류하며 몰트, 팟, 그레인위스키를 섞어 만드는 블렌디드 아이리시 위스키입니다.

1857년 설립된 주류 판매 업체인 길비(W&A Gilbey)에서 판매하기 시작한 위스키입니다. 제임슨의 위스키를 공급받아 셰리 와인을 수입할 때 사용한 오크통에 숙성하여 판매하기도 했습니다. 그들이 1903년 발매한 제이제이 위스키를 '레드 브레스트'라는 별명으로 불렀는데, 나중에는 레드 브레스트 이름으로 판매하였습니다. 레드 브레스트 위스키는 더블린에서 증류소를 옮겨 통합된 미들턴 증류소에서 1985까지 생산했습니다. 이후 레드 브레스트 상표권이 아이리시 디스틸러스(페르노리카)에 판매되었고, 1991년에 12년 숙성 제품을 재출시하였습니다.

- 증류주
- 위스키
- 아이리시 위스키
- 싱글그레인 위스키
- 와인캐스크 피니시
- 2015년 설립 (증류소)
- 설립자 가문 (잭, 스테판 틸링)
- 46%
- 아일랜드, 더블린
- 틸링 생산

틸링 싱글그레인 아이리시 위스키
TEELING SINGLE GRAIN IRISH WHISKEY

틸링 증류소는 잭과 스테판 틸링 형제가 2015년에 설립했습니다. 한때 디스틸러스 그룹의 증류소 외 유일한 증류소였던 쿨리 증류소를 설립한 아일랜드 위스키의 전설, 존 틸링이 이 두 형제의 아버지입니다. 쿨리 증류소가 산토리에 매각된 이후 존 틸링은 그레이트 넌던 증류소를, 그의 두 아들은 틸링 증류소를 설립했습니다. 틸링 싱글그레인 위스키는 옥수수를 사용해(옥수수 95%, 맥아 5%) 레드와인 캐스크에서 숙성한 그레인위스키입니다. 국내에 판매되는 몇 안 되는 아이리시 위스키 중에서도 보기 힘든 싱글그레인 위스키입니다. 달달하고 알싸한 향료 풍미가 특징입니다.

- 증류주
- 위스키
- 아이리시 위스키
- 싱글몰트 위스키
- 10년 숙성
- 2003년 설립 (2014년 이전)
- 코크((CORK, COUNTY) 의 지역)
- 40%
- 아일랜드, 스키베린
- 웨스트 코크 생산

웨스트 코크 10년 싱글몰트 아이리시 위스키
WEST CORK 10 YEARS SINGLE MALT IRISH WHISKEY

웨스트 코크는 어릴 적부터 친구였던 존 오코넬, 데니스 매카시, 게르 매카시가 설립한 증류소입니다. 초기에는 설립자의 집에서 작은 증류기로 위스키를 생산했으며, 2014년 스키베린의 증류소로 이전했습니다. 웨스트 코크의 10년 싱글몰트 아이리시 위스키는 세 차례 증류하며 퍼스트필 버번위스키에서 숙성합니다. 무겁지 않은 과일, 달달한 풍미로 아일랜드의 보리를 사용해 제조합니다.

- 증류주
- 위스키
  - 아이리시 위스키
  - 블렌디드 위스키
  싱글팟 + 싱글몰트
- 1999년 설립
  (비증류 생산)
  2016년 증류소 설립
- 작가들이
  영감이 떠오르지 않을때
  위스키의 도움을 받음
- 40%
- 아일랜드, 카로우
- 월시 위스키 생산

- 증류주
- 위스키
  - 아이리시 위스키
  - 싱글 팟 스틸 위스키
- 1805 설립
  미첼 앤 선즈
  (잡화, 와인수입)
  비증류 생산
- POT: 오크통에
  다른 색으로 숙성년 표기
  7YEAR - BLUE
  10YEAR - GREEN
  12YEAR - YELLOW
  15YEAR - RED
- 40%
- 미들턴 증류소 생산
- 미첼 앤 선즈 판매

라이터스 티어스 블렌디드 아이리시 위스키
WRITERS TEARS BLENDED IRISH WHISKEY

그린스폿 싱글 팟스틸 아이리시 위스키
GREEN SPOT SINGLE POT STILL IRISH WHISKEY

라이터스 티어스는 월시 부부가 2016년 설립한 월시 위스키에서 생산하는 위스키입니다. 월시 위스키는 비증류 위스키 생산 업체로, 라이터스 티어스 외에도 아이리시 맨을 생산하고 있습니다. 라이터스 티어스 위스키는 미들턴 증류소와 밝혀지지 않은 어떤 증류소(아마도 쿨리 증류소)의 싱글몰트 위스키와 팟스틸위스키를 섞어서 만들기 때문에 블렌디드 위스키로 분류됩니다.

미첼 앤 선즈는 1805년에 잡화점으로 시작한 와인 수입 업체입니다. 다른 증류소에서 위스키를 받아 자신들의 오크통(와인 수입용)에서 숙성해 판매했습니다. 스폿(Spot) 위스키는 오크통에 숙성 연수를 다른 색으로 표기한 것에서 시작되었고, 그린스폿은 그중 가장 유명한 제품입니다. 제임슨의 위스키 원액을 받아 자신들의 오크통에서 숙성했으나, 아일랜드 증류소들이 통합되면서 미들턴 증류소에서 숙성까지 하게 되어 독점적인 판매·개발에 관한 권리를 가지고 있습니다. 그린스폿 싱글 팟스틸은 숙성 연수를 표기하지 않지만, 보통 7~8년에서 길게는 10~12년까지 숙성하며 셰리 와인 캐스크에서 피니싱하고 있습니다.

캐나디안 위스키

다시 아메리카 대륙으로 넘어오겠습니다.

캐나다는 세계에서 두 번째로 넓은 국토를 소유하고 있으면서 미국과 딱 붙어 있는 국가로, 미국과 세계에서 가장 긴 국경을 접하고 있습니다. 인구는 미국의 1/10 정도로 정치·경제·문화 등 모든 면에서 미국의 영향을 크게 받는 나라입니다. 당연히 캐나디안 위스키도 미국의 영향을 많이 받겠죠. 캐나디안 위스키가 가장 많이 팔리는 나라 역시 미국이며, 판매도 미국에 맞춰져 있습니다.

캐나디안 위스키의 역사

캐나디안 위스키 또한 캐나다의 역사와 함께 성장했습니다. 이민자의 나라이며, 미국의 최대 인접 국가라는 점이 캐나디안 위스키에 가장 큰 영향을 끼쳤고 앞으로도 그럴 듯합니다.

그럼 지금부터 캐나디안 위스키의 역사를 살펴보겠습니다.

1800년대

1801년 캐나다 최초의 위스키로 알려진 상업용 위스키가 몬트리올의 양조장에서 생산됩니다. 럼을 생산하던 증류기를 들여와 생산을 시작한 것이죠. 미국 쪽으로 조금씩 들여오던 캐나다의 위스키는 1861년 남북전쟁 이후 본격적으로 미국에 수출되었고, 이후 미국에서 캐나다 위스키의 소비가 크게 증가합니다. 시그램 Seagram, 제이피 와이저 J.P. Wiser's, 코비 Corby, 하이람 워커 Hiram Walker 등의 브랜드가 이때 성장했습니다. 그중에서도 하이람 워커의 캐나디안 클럽 위스키는 미국에서 많은 인기를 누렸지만, 아메리칸 위스키 업자들의 반발로 캐나다산임을 표기해야 했습니다. 이후 캐나다 위스키에 캐나디안 Canadian을 표기하기 시작했는데 오히려 '캐나디안 위스키'라고 위조한 위스키들이 생겨날 정도로 인기 있는 상표가 되었습니다.

1890년 캐나다에서는 위스키를 최소 2년 이상 숙성해야 하는 법을 발효합니다. 놀랍게도 최초로 법적 캐스크 숙성을 하기 시작한 위스키는 캐나디안 위스키이지요. 이 법이 발효된 이후 캐나디안 위스키는 통폐합되기 시작했습니다.

1900년대

1919년 미국에 금주법이 시행되면서 전 세계 위스키 시장도 어려움을 겪습니다. 캐나디안 위스키는 금주법 시행 이후 미국으로 밀수되었고, 미국으로 들여오는 위스키의 대부분 2/3 이상을 차지하게 됩니다.

미국의 금주법이 캐나디안 위스키 성장의 발판이 되었다고 널리 알려졌고 실제로도 그렇지만, 합병 등을 통해 여러 증류소가 사라졌기 때문에 캐나디안 위스키에도 좋은 시절이라고 말하기는 어려웠습니다. 실제로 시그램을 제외한 하이람 워커, 제이피 와이저, 코비 등이 합병되었죠. 물론 더욱 혹독한 시기를 거쳐야 했던 다른 나라 위스키들에 비한다면 더없이 좋은 시절이었고, 이후로도 꾸준히 미국에서 가장 많이 판매되는 위스키가 되었지만 말이죠. 여전히 잘 팔리기는 하지만 2000년대를 지나 버번 위스키 부흥의 시대를 맞고 있는 지금, 캐나디안 위스키는 다른 돌파구를 마련해야 할 필요성을 느끼고 있습니다.

캐나디안 위스키의 정의

캐나디안 위스키는 전통적으로 라이위스키 Rye Whisky 라고 불렸는데 이는 호밀rye의 사용 여부와는 관계가 없습니다. 캐나다에서 정한 규정에 따라 제조한 위스키는 캐나디안 위스키, 캐나디안 라이위스키, 라이위스키 등으로 모두 표기할 수 있습니다.

이렇게 불릴 수 있는 가장 큰 범위의 캐나디안 위스키 규정은 곡물곡류을 사용하고, 3년 이상 작은 나무통에서 숙성하며, 병입 시 알코올 도수는 40% 이상이어야 합니다. 또한 캐러멜이나 다른 풍미 향료를 포함할 수도 있습니다. 이는 다른 나라의 위스키 규정에 비하면 꽤 느슨한 편입니다.

캐나디안 위스키가 다른 나라의 위스키에 비해 특이한 점은 '라이위스키'라는 명칭의 특이성을 빼고도 향미료flavouring를 포함할 수 있다는 점, 향미료의 범주 안에 2년 이상 숙성한 코냑, 버번, 포트 와인 등이 포함될 수 있는 점 등입니다. 다만 최대 9.09% 1/11를 초과할 수 없으며, 캐나디안 위스키의 맛과 성격을 가져야 한다는 모호한 규정이 있습니다. 당화나 발효 시에도 맥아 외 효소제, 효모와 유용 미생물을 사용할 수 있다고 규정하여 좀 더 유연하게 적용할 수 있습니다.

캐나디안 위스키에도 싱글몰트 위스키가 있으며 100% 호밀로 만드는 라이위스키도 생산되지만, 현재 생산·판매하는 캐나디안 위스키는 대부분 호밀, 옥수수, 보리 등 여러 곡물과 혼합한 블렌디드 위스키입니다.

캐나다 CANADA

YUKON

ALBERTA

HIGH WOOD

블랙 벨벳
BLACK VELVET
(PALLISER)

크라운로열
CROWN ROYAL
(GIMLI)

SHELTER
POINT

밴쿠버
VANCOUVER

GLENORA

CALDERA

미국
UNITED STATES AMERICA

토론토
TORONTO

오타와
OTTAWA

오타와
OTTAWA

몬트리올
MONTREAL

캐나디안 미스트
CANADIAN MIST

STILL WATER

VALLEY FIELD

LAKE HURON

FORTY CREEK

토론토
TORONTO

LAKE ONTARIO

WALKER VILLE
(캐나디안클럽
CANADIAN CLUB)

KITTLING RIDGE

보스턴
BOSTON

디트로이트
DETROIT

LAKE ERIE

CROWN ROYAL
크라운로열
CROWN ROYAL DELUXE WHISKY

- 증류주
- 위스키
  - 캐나디안 위스키
  - 블렌디드 위스키
- 1939년 출시
  (SEGRAMS)
- 1939년
  엘리자베스 여왕
  조지 6세 왕의
  캐나다 방문 기념
- 40%
- 캐나다 매니토바
- 크라운로열 생산
  (GIMLI)
- 디아지오 소유

크라운 로열 디럭스 캐나디안 블렌디드 위스키
CROWN ROYAL DELUXE CANADIAN BLENDED WHISKY

크라운 로열은 시그램에서 1939년에 출시한 캐나디안 위스키입니다. 엘리자베스와 조지 6세의 방문을 기념하기 위해 출시했지요. 캐나디안 클럽과 더불어 가장 유명한 캐나디안 위스키이기도 합니다. 위스키의 수요가 감소했던 1980년대에 김리 증류소에서 생산하기 시작했고, 현재 디아지오의 소유입니다. 국내에서도 쉽게 접할 수 있는 캐나디안 위스키 중 하나입니다.

CANADIAN CLUB
캐나디안클럽
1858 BLENDED CANADIAN WHISKY

- 증류주
- 위스키
  - 캐나디안 위스키
  - 블렌디드 위스키
    호밀, 맥아
    보리, 옥수수 등
- 클럽에서 만기빗던위스키
  미묘위스키와 구분 하기위해
  캐나디안 표기
- 6 YEARS (최소 6년숙성)
  캐나다, 온타리오
- 하이람 워커 생산
  (1858년 설립)
- 40%
- 산토리 소유

캐나디안 클럽 1858 블렌디드 캐나디안 위스키
CANADIAN CLUB 1858 BLENDED CANADIAN WHISKY

하이람 워커 증류소(워커빌 증류소)는 하이람 워커가 1858년에 설립했습니다. 하이람 워커의 '클럽 위스키'라는 이름으로 위스키를 판매했고, 이 위스키가 인기를 끌자 미국 증류 업체에서 원산지(캐나다)를 표기하도록 압력을 넣어 '캐나디안 클럽 위스키'로 표기했습니다. 캐나디안 클럽은 숙성한 상태의 위스키들을 섞지 않으며, 숙성되기 전의 상태(스피릿, 문샤인)에서 섞은 후 숙성합니다. 크라운 로열 다음으로 많이 판매되는 캐나디안 위스키이며 국내에서도 쉽게 만날 수 있습니다. 하이람 워커 증류소는 현재 페르노리카 소유이며 캐나디안 클럽은 산토리 소유의 브랜드입니다.

- 증류주
- 위스키
  - 캐나디안 위스키
  - 블렌디드 위스키
  - 옥수수, 맥아, 호밀
- 1968년 출시
- 미스트
  딸기부순 얼음에
  위스키를 부어 마시는
  밀종의 칵테일
- 40%
- 캐나다
- 캐나디안 미스트 생산
- 사제락 소유

- 증류주
- 위스키
  - 캐나디안 위스키
  - 블렌디드 위스키
  - 8년 숙성 위스키
- 1951년 첫생산
- 1991년 출시 (리저브)
- 블랙라벨로 출시예정
  (BLACK LABEL)
  첫 시음후 벨벳처럼
  부드러워 블랙 벨벳으로
  변경 (BLACK VELVET)
- 40%
- 캐나다
- 블랙벨벳 생산
- 헤븐힐 소유

캐나디안 미스트 블렌디드 캐나디안 위스키
CANADIAN MIST BLENDED CANADIAN WHISKY

캐나디안 미스트는 1968년에 출시한 캐나디안 위스키입니다. 연속식 증류기에서 세 차례 증류하고 화이트와인 오크통에서 숙성합니다. 보다 가볍고 부드러운 풍미에 초점을 맞춰 생산하고 있으며, 유명하고 많이 팔리는 다른 캐나디안 위스키들처럼 여러 음료와 섞여 칵테일로 많이 소비되고 있습니다. 2020년 매각되어 현재 사제락 소유입니다.

블랙 벨벳 리저브 8년 블렌디드 캐나디안 위스키
BLACK VELVET RESERVE 8 YEARS BLENDED CANADIAN WHISKY

블랙 벨벳은 1951년에 출시된 캐나디안 위스키입니다. 원래는 '블랙라벨'이라는 이름으로 출시 예정이었으나 지금과 같은 이름으로 변경되었다고 합니다. 디아지오와 컨스텔레이션 브랜드를 거쳐 지금은 헤븐힐 소유입니다. 블랙 벨벳 리저브 8년은 1991년에 출시되었으며, 이름 그대로 8년을 숙성하는 블렌디드 위스키입니다.

CHAPTER

07

재패니즈 위스키

최근 가장 핫한 위스키는 우리와 가까운 이웃 나라인 일본의 위스키입니다. 얼마 전까지 스코틀랜드, 아일랜드, 미국, 캐나다를 '세계 4대 위스키 생산국'이라 불렀습니다. 하지만 이제는 일본을 포함해 '세계 5대 위스키 생산국'이라 부르고 있으며, 그렇게 불리기에도 부족함이 없는 듯합니다. 실제로 일본은 스코틀랜드, 미국에 이어 세 번째로 위스키를 많이 생산하는 나라입니다. 근 몇 년 사이에 엄청난 인기를 얻으며 위스키 맛은 둘째치고, 높은 몸값으로 더 유명해지고 있는 재패니즈 위스키에 대해 알아보겠습니다.

재패니즈 위스키의 역사

한국과도 밀접한 관계를 가진 이웃 나라 일본의 위스키는 어느덧 100년의 역사를 가지게 되었습니다. 그 시간을 거쳐 지금 일본은 누구도 부정하지 않는 위스키 강국이 되었죠. 그 시작은 어떠했고 어떤 시간을 지나왔을지, 지금부터 재패니즈 위스키의 역사에 대해 살펴보겠습니다.

1800년대

일본에 위스키가 처음 들어왔을 때는 나라의 문을 열었던 1800년대 중반입니다. 1854년 미국과의 연회에서 위스키가 처음 등장했고 1860년대에 위스키를 판매했다는 기록이 있으니, 일본에서 위스키가 등장한 건 적어도 지금으로부터 160년이 넘었다고 볼 수 있습니다. 수입해서 들어오는 위스키도 있었지만 당연히 가격이 비쌌고, 이런 위스키를 대체하기 위해 여러 증류주와 향신료 등을 혼합해 만드는 증류주를 직접 생산하고 판매하기 시작했습니다.

1920년대

1923년 일본 최초의 증류소인 야마자키 증류소가 설립되었고 1929년에 일본 최초의 위스키가 생산되었습니다. 이렇게 보면 재패니즈 위스키는 한 세기의 역사를 가지고 있습니다.

그 짧다면 짧고, 길다면 긴 역사의 시작에는 재패니즈 위스키의 아버지라 불리는 두 사람이 있습니다. 토리이 신지로와 타케츠루 마사타카입니다. 두 사람의 이야기는 그대로 재패니즈 위스키의 역사가 되었죠.

토리이 신지로
SHINJIRO TORII
1879~1962
SUNTORY

타케츠루 마사타카
MASATAKA TAKETSURU
1894~1979
NIKKA

1923년 야마자키에 설립된 증류소는 현재 '산토리' 라는 주류 회사의 증류소입니다. 우리에게 익숙한 거대 주류 회사 산토리Suntory는 창업자 토리이 신지로가 일본의 상징인 태양sun에 토리이 신지로의 토리tory를 합쳐 이름 지은 회사입니다.

산토리 설립 이전에 토리이 신지로는 '토리이'라는 이름의 잡화점을 운영했는데, 당시 '붉은 구슬'이라는 의미의 '아카다마'라는 이름을 가진 스위트와인으로 크게 성공했습니다. 이 붉은 구슬을 태양sun과 같은 의미로 증류소 이름에 사용했다고도 합니다.

산토리는 1923년 야마자키 증류소를 세우고 일본의 첫 위스키인 산토리 시로 후다화이트라벨를 출시했습니다. 그것을 시작으로 여러 인수합병을 거쳐 현재는 세계에서 손꼽히는 주류 회사로 성장했죠. 참고로 짐 빔으로 유명한 빔Beam도 산토리에서 인수했습니다.

처음 야마자키 증류소를 세울 때 함께한 사람이 있었으니, 토리이 신지로와 함께 재패니즈 위스키의 아버지라 불리는 타케츠루 마사타카입니다. 타케츠루 마사타카는 위스키의 본고장 스코틀랜드에서 대학을 다니고 위스키 증류소에서도 일했습니다. 그는 위스키를 본격적으로 생산할 때가 되었다고 생각한 토리이 신지로가 원하던 인물이었지요. 고등학교에서 화학을 가르치고 있던 타케츠루 마사타카를 토리이 신지로가 불러서 함께 야마자키 증류소를 세우게 됩니다.

타케츠루 마사타카는 스코틀랜드와 비슷한 환경인 홋카이도에 증류소를 세우자고 했으나, 토리이 신지로는 교통과 판매 등을 고려해 도심 인근에 설립하기를 원했습니다. 조율 끝에 결정된 곳이 오사카의 야마자키였습니다. 이후 계약 기간인 10년이 지난 1934년, 타케츠루 마사타카는 산토리를 나와 대일본과즙주식회사를 설립합니다. 그리고 이전부터 원했던 장소인 홋카이도에 증류소를 세우고 운영을 위해 사과 과즙, 와인을 판매하며 위스키를 증류하기 시작했습니다. 타케츠루 마사타카의 대일본과즙주식회사는 1952년에 재패니즈 위스키계의 쌍두마차 중 하나인 니카 위스키에서 이름을 가져온 니카위스키주식회사로 이름을 변경했으며 니카는 대일본과즙주식회사의 줄임말 '일과'의 일본식 발음, 현재 아사히 맥주의 자회사입니다.

토리이 신지로와 타케츠루 마사다카의 이야기는 2014년 일본에서 드라마로도 제작되어 큰 인기를 얻었습니다. 타케츠루 마사다카와 부인의 이야기를 주 내용으로 하는 〈맛상〉이라는 드라마이지요. 타케츠루의 일대기는 국내에도 《위스키와 나》워터베어프레스라는 제목으로 발간되었습니다.

1900년대 후반

제2차 세계 대전 이후, 일본 경제 성장의 시발점이 되었던 1964년 도쿄올림픽 때부터 1980년대까지 일본의 경제가 하늘을 뚫을 듯이 성장했습니다. 재패니즈 위스키도 많이 소비되었지요. 많은 사람들이 위스키를 찾았으며, 이때 얼음을 넣어 먹는 방식이 유행했습니다. 때를 맞추어 많은 증류소에서 위스키를 생산했지만, 1990년대 이후 거품처럼 부풀었던 경제는 사라지고 경제 불황이 시작되면서

일본의 위스키 시장도 우울한 나날을 보내게 되었습니다. 외국 위스키의 수입과 주류세 인상 등으로 판매가 부진해졌으며, 위스키의 인기가 줄어들면서 생산도 함께 줄었습니다. 그럼에도 산토리 위스키 니카 위스키 는 소다수 등을 섞어 마시는 위스키 하이볼로 그 명맥을 유지했고, 지금의 재패니즈 위스키 열풍까지 이어졌습니다.

2000년대 후반

2000년까지 재패니즈 위스키는 대부분 일본 내에서만 소비되었으나 싱글몰트, 버번 등 개성적인 위스키들이 등장하고 인기를 얻으면서 세계적으로 유명해졌습니다. 2000년부터 각종 품평회에서 상을 받기 시작했으며, 2014년 드라마 〈맛상〉의 인기와 더불어, 2015년 산토리의 야마자키 싱글몰트 위스키가 짐 머레이의 '올해의 위스키'에 선정된 것을 계기로 재패니즈 위스키는 그야말로 날아올랐습니다.

하지만 높은 인기와 더불어 1990~2000년에 위스키 생산 숙성 량을 줄였던 탓에 원주가 모자랐습니다. 덕분에 위스키 제품 생산량이 줄어들었고 가격은 폭등했습니다. 숙성 연수가 조절되고 숙성 제품들이 여럿 단종되면서 현재 숙성 연수 미표기 제품 NAS이 생산되고 있습니다.

사실 산토리, 니카 등 재패니즈 위스키 증류소들은 숙성 연수가 오래된 높은 가격대의 위스키를 내세우고 있지만, 실제로는 산토리의 가쿠빈과 니카의 블랙 니카가 가장 많이 팔리고 있습니다. 산토리와 블랙 니카 모두 접근성 좋은 소다수 등과 혼합해서 하이볼로 많이 마시는 위스키입니다.

10%
위스키
WHISKY

+

90%
원료용 알코올
SPIRIT

=

위스키
WHISKY

재패니즈 위스키의 정의

재패니즈 위스키는 2021년 4월 1일부터 새로운 주세법의 적용을 받고 있습니다. 그동안 가장 폭넓었던 위스키 규정에서 어느 정도 일반화된 규정을 따르게 되었지요. 재패니즈 위스키에 관해 조금 더 자세히 알기 위해 2021년 4월 1일 이전의 규정과 비교해보겠습니다.

■ 2021년 4월 1일 이전

재패니즈 위스키는 일본의 주세법상 발아한 곡류와 물을 원료로 사용해 당화 효모로 발효한 뒤 95% 미만으로 증류한 것을 말합니다.

95% 이상으로 증류한 것은 스피릿(주정)으로 구분하며, 이렇게 만들어지면 위스키라 부를 수 있습니다. 곡물과 증류기, 숙성 등의 제한은 없습니다.

재패니즈 위스키의 규정은 다른 나라의 위스키에 비해 그 범위가 아주 넓습니다. 앞서 말한 위스키 규정만으로도 재패니즈 위스키의 범위가 넓은데,

여기에 더 넓은 범위로 확대되는 규정이 추가되었죠. 주정 스피릿이나 원료용 알코올에, 앞서 설명한 것처럼 발아한 곡류를 95% 미만으로 증류하여 만든 위스키가 10%만 포함되어도 위스키로 분류한다는 규정입니다. 물론 향료와 캐러멜도 혼합할 수 있습니다. 간단히 말해 재패니즈 위스키는 10% 이상의 곡물로 만드는 증류주로 정의할 수 있습니다. 이런 규정으로 인해 재패니즈 위스키는 보드카와 같다고도 불렸으며, 사실 따져보면 틀린 말도 아닙니다.

재패니즈 위스키
JAPANESE WHISKY
재패니즈 위스키의 법적규정
＊2021년 4월1일 이전

발아시킨 곡류와 물을 원료로, 당화,발효   95% 미만으로 증류   위스키 WHISKY

이 규정이 개정되지 않은 이유는 과거에는 전쟁 등으로 부족했던 위스키 수요를 충족시키기 위함이었으며, 어느 정도 사케와 소주를 보호하기 위한 이유도 있었습니다. 재패니즈 위스키의 수출량이 점점 늘어나면서 사케에 근접하게 되었습니다. 많은 재패니즈 위스키 관련자들이 법 개정을 요구했지요. 보통 국제적으로 통용되는 자체의 규정을 만들고 있었습니다. 일부에서는 이런 규정을 오히려 재패니즈 위스키의 장점으로 보는 시각도 있었으나, 결국 2021년 4월 1일부터 새로운 규정이 시행되었습니다.

■ 2021년 4월 1일 이후

2021년 4월 1일부터 새로운 재패니즈 위스키 규정이 시행되었고 이는 국제적으로 통용되는 규정과 비슷합니다. 먼저, 당연하지만 재패니즈 위스키는 일본에서 생산되어야 합니다. 사실 이전의 주세법상 위스키의 범위가 너무 넓었습니다. 어디서 만들어야 한다는 규정도 없었으니까요. 또한 일본 내에서 발아된 곡물을 포함하고 물을 사용해 당화 발효하며, 95% 이내로 증류, 700L 미만의 나무통에서 최소 3년 이상 숙성, 40% 이상으로 병입하고 캐러멜색소를 사용할 수 있다는, 스카치위스키와 비슷한 규정이 시행되었습니다. 라벨에도 오해를 일으킬 수 있는 표기는 사용하지 못하게 했고요.

이제 재패니즈 위스키가 보드카와 같다는 말은 더는 통하지 않을 것 같습니다. 한 세기에 해당하는 위스키의 역사가 있으며 사실상 세계에서 세 번째 자리에 올라 있는 위스키 생산 국가가 이제야 이런 규정을 시행하게 되었다는 점이 놀랍기는 하지만요.

재패니즈 위스키의 법적 규정
☀ 2021년 4월 1일 이후

일본에서 발아시킨 곡류와 물을 원료로, 당화, 발효 | 95% 미만으로 증류 | 700L 미만의 나무통에서 3년 이상 숙성 | 캐러멜 색소 첨가 가능 병입시 알코올도수 40% 이상

일본 JAPAN

재패니즈 위스키 증류소

일본에는 사케를 생산하면서 위스키도 소량 생산
하는 증류소부터 3백만 리터의 위스키를 생산하는
대형 증류소까지, 총 20곳이 넘는 위스키 증류소가
있습니다.

NIKKA
요이치
YOICHI
AKKESHI
SAPPORO
사포로

NIKKA
미야기쿄
MIYAGIKYO

NIIGATA
SENDAI
SHIRAKAWA

SABUROMARU
SUNTORY
야마자키
YAMAZAKI
SUNTORY
하쿠슈
HAKUSHU
KARUIZAWA
HANYU
치타
CHITA
CHICHIBU
도쿄 TOKYO
WHITE OAK
KYOTO
MARS
GOTEMBA
KIRIN
기린
FUKUOKA
TOGOUCHI
OSAKA
오사카
NAGOYA
나고야

재패니즈 위스키 증류소
JAPANESE WHISKY DISTILLERIES

YAMAZAKI
야마자키
12YEARS SINGLEMALT JAPANESE WHISKY

요이치
YOICHI
SINGLE MALT WHISKY

- 증류주
- 위스키
- 재패니즈 위스키
- 싱글 몰트위스키
- 1923년 설립
  "토리 신지로"
  (산토리 설립자)
- 오사카 "야마자키"
  증류소가 있는 지역이름
  일본최초 몰트위스키증류소
- 12년숙성 12YEARS
  1984년 출시
- 43%
- 일본
- 야마자키 생산
- 산토리 소유

야마자키 12년 싱글몰트 재패니즈 위스키
YAMAZAKI 12 YEARS SINGLE MALT JAPANESE WHISKY

야마자키 증류소는 토리이 신지로와 타케츠루 마사타카가 1923년 오사카 야마자키에 설립한 일본 최초의 몰트위스키 증류소입니다. 재패니즈 위스키의 세계적 붐을 일으킨 위스키로 가장 유명한 재패니즈 싱글몰트 위스키이며, 1984년에 출시한 일본 최초의 싱글몰트 위스키이기도 합니다. 12년 숙성 제품은 한때 가장 가성비 좋은 위스키로도 꼽혔으나, 지금은 비슷한 숙성 연수를 가진 위스키에 비해 아주 높은 가격대를 자랑하고 있습니다.

- 증류주
- 위스키
- 재패니즈 위스키
- 싱글 몰트위스키
- 1934년 설립
- 숙성연수 미표기(NAS)
  2016년출시
  (10,12,15,20년 단종)
- 45%
- 일본, 홋카이도
- 니카 생산
  홋카이도 요이치 증류소
- 아사히소유

요이치 싱글몰트 재패니즈 위스키
YOICHI SINGLE MALT JAPANESE WHISKY

타케츠루 마사타카가 산토리를 나온 1934년에 홋카이도의 요이치에 새로운 증류소를 설립했습니다. 기온이 낮고 습도가 적절했던 요이치 지역은 그가 생각했던 최적의 장소였습니다. 요이치는 니카의 요이치 증류소에서 생산하는 싱글몰트 위스키입니다. 숙성하고 있는 위스키 원액이 부족해 숙성 연수 표기 제품은 단종되었고, 현재 숙성 연수 미표기 제품만 생산하고 있습니다.

- 증류주
- 위스키
- 재패니즈 위스키
- 블렌디드 위스키
- 1937년 출시
- 산토리
  SUN+TORY
  (청렴수+산토리토리)
  KAKUBIN, 角瓶
  = 각병, 각진병
- 40%
- 일본
- 산토리 생산

- 증류주
- 위스키
- 재패니즈 위스키
- 블렌디드 위스키
- 1965년 출시
  (SPECIAL)
- KING OF
  BLENDER
- 검정라벨
  BLACK LABEL
- 37%
- 일본
- 니카 생산
- 아사히소유

산토리 가쿠빈 블렌디드 재패니즈 위스키
SUNTORY KAKUBIN BLENDED JAPANESE WHISKY

재패니즈 위스키 중에서 가장 유명하고 가장 많이 판매되는 위스키는 하이볼을 위한, 하이볼에 의한, 하이볼의 위스키입니다. 바로 독특한 병 모양 때문에 '가쿠빈(각진 병)'이라 불리는 산토리 위스키이지요. 재패니즈 위스키의 명맥을 이어온 위스키로 일본의 버블 경제 위기 이후 위스키가 시들해졌을 때, 하이볼로 지금의 재패니즈 위스키 열풍을 이끌어낸 주역입니다. 우리나라에서도 어렵지 않게 접할수 있으며, 역시 하이볼로 많은 사랑을 받고 있습니다.

블랙 니카 블렌디드 재패니즈 위스키
BLACK NIKKA BLENDED JAPANESE WHISKY

블랙 니카 블렌디드 위스키는 산토리의 가쿠빈 위스키와 같이 가볍고 하이볼에 섞어서 많이 마시는 위스키로, 산토리 가쿠빈 위스키 다음으로 많이 팔리는 재패니즈 위스키입니다. 블랙 니카는 37%의 알코올 도수를 가진 위스키인데, 위스키 도수가 40% 이상인 규정을 가진 나라가 많아 위스키로 판매하지 못하는 곳이 많습니다. 일본도 최근 40% 이상으로 규정이 바뀌어 몇 년의 유예 기간 안에 도수가 조절될 것으로 보입니다. 국내에서도 좀처럼 찾아보기 힘든 위스키입니다.

- 증류주
- 위스키
 - 재패니즈 위스키
 - 블렌디드 위스키
 - 야마자키 증류소
 - 하쿠슈 증류소
 - 치타 증류소
- 1989년 출시
 (17, 21 YEARS)
 HARMONY
 (2015)
- 울림, 소리, "에아리"
- 43%
- 일본
- 산토리 소유

히비키 하모니 블렌디드 재패니즈 위스키
HIBIKI HARMONY BLENDED JAPANESE WHISKY

히비키는 일본 음으로 '울릴 향(響)'을 뜻하며, 산토리 증류소의 위스키를 섞어 만드는 블렌디드 위스키입니다. 1989년에 12년, 17년, 21년 제품이 출시되었다가 현재 12년 제품은 단종되었고, 2015년 이후 숙성 연수 미표기 제품인 하모니를 출시했습니다. 제품에 대한 반응은 급격한 가격 상승을 통해 간접적으로 알 수 있으며, 24절기를 상징하는 병 디자인도 상당히 좋은 반응을 얻었습니다.

- 증류주
- 위스키
 - 재패니즈 위스키
 - 블렌디드 몰트위스키
 - 요이치증류소
 - 미야기교증류소 +
- 2015년 출시
 (NAS)
- 설립자
 "타케츠루" 마사타카
- 43%
- 일본
- 니카증류소 생산
- 아사히 소유

타케츠루 퓨어몰트 블렌디드 재패니즈 위스키
TAKETSURU PURE MALT BLENDED JAPANESE WHISKY

타케츠루는 니카의 두 증류소인 요이치와 미야기교의 몰트위스키를 섞어서 만드는 블렌디드 몰트위스키입니다. 참고로 '퓨어몰트'라는 표기가 일본에서는 가능합니다. 타케츠루는 2000년에 12년, 17년, 21년 제품이 출시되었습니다. 산토리의 히비키처럼 현재 12년 제품은 단종되었고, 2015년부터 숙성 연수 미표기 제품을 판매하고 있습니다.

- 증류주
- 위스키
- 재패니즈 위스키
- 싱글 몰트위스키
- 숙성연수 미표기(NAS)
  2014년 출시
- 하쿠슈증류소
  야마나시현
  호쿠토시 하쿠슈
- 43%
- 일본, 야마나시현
- 산토리 생산
  하쿠슈증류소

하쿠슈 디스틸러스 리저브 싱글몰트 재패니즈 위스키
HAKUSHU DISTILLER'S RESERVE SINGLE MALT JAPANESE WHISKY

하쿠슈 증류소는 1973년에 야마나시현 하쿠슈에 설립된
산토리의 증류소입니다. 숙성 제품은 12년, 18년, 25년 제
품이 판매되고 있습니다. 과거에 판매했던 10년 제품은 단
종되었고, 숙성 연수 미표기 제품인 디스틸러스 리저브는
2014년 출시했습니다. 재패니즈 위스키들의 가격이 너무
올라 그나마 저렴하게(?) 만날 수 있는 싱글몰트 위스키입
니다. 깔끔한 풍미 덕분에 하이볼로도 많이 소비되고 있습
니다.

- 증류주
- 위스키
- 재패니즈 위스키
- 싱글 그레인 위스키
- 1972년 설립
- 2015년 출시
- 치타 증류소
- 혼슈 아이치현
  치타시
- 43%
- 일본
- 산토리 생산
  치타증류소

치타 싱글그레인 재패니즈 위스키
CHITA SINGLE GRAIN JAPANESE WHISKY

치타 증류소는 1972년에 설립된 산토리의 증류소로 그레인
위스키를 생산하고 있습니다. 주로 옥수수를 사용해 증류
하며, 여러 연속식 증류기를 사용하여 다른 특성의 위스키
를 생산합니다. 치타 싱글그레인 위스키는 셰리와 버번 캐
스크에서 숙성하며 2015년 출시되었습니다.

- 증류주
- 위스키
  - 재패니즈 위스키
  - 싱글몰트위스키
- 1969년 설립
- 숙성연 미표기(NAS) 2016년출시
- 미야기쿄 증류소 미야기현, 센다이시
- 45%
- 일본
- 니카 생산
- 아사히소유

미야기쿄 싱글몰트 재패니즈 위스키
MIYAGIKYO SINGLE MALT JAPANESE WHISKY

미야기쿄 증류소는 1969년에 설립된 니카의 두 번째 증류 소입니다. 증류소가 위치한 미야기쿄는 요이치 증류소가 있는 홋카이도와 거리적으로 떨어져 있는 지역으로, 적당 한 기후와 더불어 산과 깨끗한 강을 끼고 있어 위스키 제 조에 유리했습니다. 이렇게 여러모로 적합한 미야기쿄에 타케츠루가 증류소를 세우기로 결정하기까지 3년이 걸렸 다고 합니다. 미야기쿄의 숙성 표기 제품들은 요이치 증류 소처럼 단종되었고, 2016년에 출시한 숙성 연수 미표기 제 품만 생산되고 있습니다. 셰리 캐스크에서 숙성하는 것을 강조하는 제품입니다.

- 증류주
- 위스키
  - 재패니즈 위스키
  - 블렌디드 위스키
- 1985년 설립 (이전 설립)
- 이와이 키이치로 (다케츠루의 선배) 일본위스키의 선구자
- 40%
- 일본, 나가노현
- 마스 신슈 생산

이와이 블렌디드 재패니즈 위스키
IWAI BLENDED JAPANESE WHISKY

이와이는 재패니즈 위스키의 선구자 중 한 명인 이와이 키 이치로의 이름을 빌린 위스키입니다. 이와이 키이치로는 타케츠루가 유학 갈 수 있도록 도움을 준 상사입니다. 홈보 주조에 증류소를 세웠으며 그 증류소를 발판으로 1985년 마스 신슈 증류소를 설립합니다. 1992년부터 20년 동안 생산하지 않았다가 2011년 다시 위스키를 생산하기 시작했 습니다. 이와이 재패니즈 위스키는 옥수수와 맥아를 섞어 버번 배럴에서 숙성하는 블렌디드 위스키입니다.

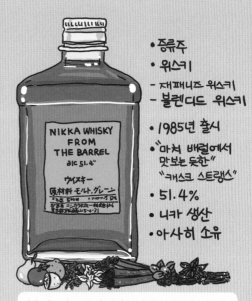

TORYS
토리스
CLASSIC BLENDED JAPANESE WHISKY

- 증류주
- 위스키
  - 재패니즈 위스키
  - 블렌디드 위스키
- 1946년 출시
- 산토리 "SUNTORY"
- 37%
- 일본
- 산토리 생산

NIKKA WHISKY FROM THE BARREL
니카위스키 프롬 더 배럴
BLENDED JAPANESE WHISKY

- 증류주
- 위스키
  - 재패니즈 위스키
  - 블렌디드 위스키
- 1985년 출시
- "마치 배럴에서 맛보는 듯한" "캐스크 스트렝스"
- 51.4%
- 니카 생산
- 아사히 소유

토리스 클래식 블렌디드 재패니즈 위스키
TORY'S CLASSIC BLENDED JAPANESE WHISKY

니카 위스키 프롬 더 배럴 블렌디드 재패니즈 위스키
NIKKA WHISKY FROM THE BARREL BLENDED JAPANESE WHISKY

토리스 위스키는 산토리에서 1946년부터 생산하기 시작한 블렌디드 위스키입니다. 우리나라의 유명한 가짜 상품인 도라지 위스키의 원조 위스키이기도 합니다. 재패니즈 위스키 중에서 세 번째로 많이 팔리는 위스키로 대부분 하이볼로 다른 음료와 섞어서 소비되고 있습니다. 37%의 도수와 비슷한 가격, 판매량 등으로 블랙 니카와 같은 위치의 위스키입니다.

벽돌처럼 각진 병이 특징인 이 위스키는 '프롬 더 배럴'이라는 이름처럼 도수가 높으며 풍부한 풍미를 지녔습니다. 100개 이상의 다양한 배치의 몰트와 그레인위스키 원액을 배럴에 넣고 조금 더 숙성시키는 매링(marrying) 방식으로 제조하는 블렌디드 위스키입니다. 프롬 더 배럴의 이름은 캐스크 스트렝스를 쉽게 떠올리게 하지만, 51.4%를 맞춰야 하기 때문에 엄밀히 말해 캐스크 스트렝스는 아닙니다(물론 표기의 규제는 없음). 프롬 더 배럴은 블렌더들만이 배럴에서 바로 느끼는 풍미를 소비자들에게 그대로 전달한다는 의미입니다.

ICHIROS
MALT&GRAIN
이치로
몰트 앤 그레인
BLENDED JAPANESE WHISKY

AKASHI
아카시
WHITE OAK BLENDED JAPANESE WHISKY

• 증류주
• 위스키
- 재패니즈 위스키
- 블렌디드 위스키
• 월드 블렌디드
• 2008년 설립
 (치치부 증류소)
• 설립자 "이치로" 아쿠토
• 46%
• 치치부 생산

• 증류주
• 위스키
- 재패니즈 위스키
- 블렌디드 위스키
• 1984년 설립
 (화이트 오크 증류소)
• 효고현 "아카시"시
• 40%
• 화이트 오크 생산

이치로 몰트 앤 그레인 월드 블렌디드 재패니즈 위스키
ICHORO'S MALT & GRAIN WORLD BLENDED JAPANESE WHISKY

아카시 화이트 오크 블렌디드 재패니즈 위스키
AKASHI WHITE OAK BLENDED JAPANESE WHISKY

치치부 증류소는 현재 몸값이 엄청나게 올라 고가의 수집품(?)이 된 이치로 몰트 카드 시리즈를 만든 이치로 아쿠토가 2008년에 설립했습니다. 이치로 아쿠토는 2000년에 문을 닫은 한유 증류소 설립자의 손자로, 2004년부터 10년간 증류소에서 남은 위스키를 카드 그림의 라벨에 담아 시리즈로 출시했습니다. 부드러움과 달달함, 꽃과 과일 풍미를 가진 이치로 몰트 앤 그레인은 캐나다, 미국, 스코틀랜드 그리고 아일랜드까지 외국의 위스키 원액과 혼합한 위스키로 라벨의 소제목처럼 월드 블렌디드 위스키입니다.

화이트 오크 증류소는 효고현 아카시에 1888년 설립된 에이가시마 주조 회사에서 1919년 위스키 면허를 받고 1984년에 설립한 증류소입니다. 아카시 화이트 오크 블렌디드 위스키는 소주, 버번, 셰리 캐스크에서 3년 정도 숙성하는 제품입니다. 아주 가벼운 피트, 과일향 등으로 큰 개성은 없으나 무난하고 부드러운 풍미로 해외 판매를 목적으로 발매되었고, 국내에도 정식 수입되고 있습니다.

세계의 위스키

덴마크 DENMARK

핀란드 FINLAND

스웨덴 SWEDEN

벨기에 BELGIUM

네덜란드 NETHERLANDS

프랑스 FRANCE

독일 GERMANY

오스트리아 AUSTRIA

체코 CZECH

스위스 SWISS

스페인 SPAIN

이스라엘 ISRAEL

중국 CHINA

한국 KOREA

파키스탄 PAKISTAN

인도 INDIA

미얀마 MYANMAR

대만 TAIWAN

인도네시아 INDONESIA

남아프리카 SOUTH AFRICA

호주 AUSTRALIA

세계의 위스키 WORLD WHISKIES

지금까지 살펴본 스코틀랜드, 아일랜드, 미국, 캐나다, 일본 외에도 전 세계 여러 나라에서 위스키가 생산되고 있습니다. 위스키 생산에 관한 규정은 나라마다 다르고 각 나라 위스키의 특징도 조금씩 다르지만, 어느 정도의 경제력과 인구를 가진 나라에서는 대부분 위스키를 생산하고 있습니다.

술을 증류하기 시작한 이후 증류주는 각 지역과 나라의 역사와 함께 발전해왔습니다. 아시아에서는 백주와 소주로, 유럽에서는 보드카나 슈냅스, 콘, 브랜디로, 아메리카 대륙에서는 럼과 테킬라로 발전해왔죠. 그렇게 제조된 증류주는 인근 지역에서 소비되었습니다.

이제 세계가 점점 좁아지면서 여러 증류주가 지역을 넘나들기 시작했습니다. 위스키는 더 많은 국경을 넘으며 인기를 얻었고, 20세기 말 즈음부터 점점 개성적이고 특색 있는 위스키들이 나타나면서 많은 나라가 위스키 생산에 열을 올리고 있습니다.

스코틀랜드, 아일랜드, 미국, 캐나다, 일본 외에 어떤 나라에서 어떤 위스키를 생산하고 있을까요? 이제부터 세계의 여러 위스키에 관해 알아보겠습니다.

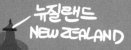

뉴질랜드
NEW ZEALAND

인도 위스키

세계에서 위스키를 가장 많이 소비하는 나라는 인도입니다. 개인으로 보면 소비량이 많다고 볼 수 없으나, 인구가 워낙 많다 보니 전체 소비량에서 압도적입니다. 인도에서 소비되는 위스키 대부분은 인도에서 생산하는 위스키입니다. 자연스럽게 전 세계에서 가장 많이 팔리는 위스키는 인도의 위스키Indian Whisky가 되었습니다. 오피서스 초이스Officer's Choice는 인도에서 가장 많이 팔리는 위스키이자 세계에서 가장 많이 팔리는 위스키입니다.

인도의 위스키는 대부분 인도와 그 인근에서 소비되는 로컬 위스키입니다. 우리나라의 소주처럼 말이죠.

인도 위스키 규정에는 곡식에 관한 내용이 없습니다.

따라서 사탕수수로도 위스키를 만들 수 있지요. 실제로 사탕수수를 이용해 만드는 위스키가 많아서 '럼 위스키'라고 불리지만, 다른 나라에서는 위스키 취급을 받지 못하기도 합니다.

인도는 숙성 규정에 따라 위스키를 생산하기에 그다지 좋은 환경을 가지지 못했습니다. 높은 기온 탓에 '천사'들이 가져가는 몫이 워낙 많았기 때문이죠. 그렇지만 국제적으로 통용되는 규정주로 스카치 위스키협회 규정으로 생산하고 수출하면서 좋은 반응을 얻는 글로벌 위스키들도 생산하고 있습니다. 우리나라에서도 어렵지 않게 만날 수 있는 제품으로는 암룻Amrut이 가장 유명합니다. 그 외에도 폴 존Paul John, 람푸르Rampur가 있습니다.

OFFICER'S CHOICE
오피서스초이스
OFFICER'S CHOICE INDIAN BLENDED WHISKY

- 증류주
- 위스키
- 인디안 위스키
- 블렌디드 위스키
- 세계에서 가장 많이 팔리는 위스키
- 1988년 출시
- 사관의 선택, 해군 사관들이 좋아하는 위스키
- 42.8%
- 인도
- 얼라이드 블렌더스 앤 디스틸러즈 (ALLIED BLENDERS & DISTILLERS) 생산

AMRUT 암룻
AMRUT FUSION SINGLE MALT WHISKY

- 증류주
- 위스키
- 인디안 위스키
- 싱글몰트위스키
- NAS (숙성연수 미표기)
- 1948년 설립
- 2004년 출시
- 산스크리트어로 신의 음료를 뜻함 (넬로르장 보리, 영국)
- 50%
- 인도, 방갈루루
- 암룻 생산

대만 위스키

KAVALAN
카발란
KAVALAN SOLIST SHERRY CASK STRENGTH WHISKY

- 증류주
- 위스키
- 대만위스키
- 싱글몰트위스키
- 캐스크 스트렝스
- NAS (숙성연수 미표기)
- 셰리 캐스크 숙성
- 2005년 설립
- 카발란족
  대만의 여러부족중
  가장 인구수가 많은 부족
- 57.8%
- 대만
- 카발란 생산
  (KING CAR 증류소)

OMAR
오마르
SINGLEMALT TAIWANESE WHISKY

- 증류주
- 위스키
- 대만위스키
- 싱글몰트위스키
- NAS (숙성연수 미표기)
- 2008년 설립
- 2015년 출시
- 겔릭어
  호박, 호박색
  AMBER
- 46%
- 대만
- 난토우증류소 생산
- TTL 소유
  (TAIWAN TOBACCO & LIQUOR)

몰트 싱글몰트 위스키는 이제는 소수의 마니아들만의 술이 아닌, 많은 사람이 즐기는 위스키의 한 종류가 되었습니다.

과거 한국과 함께 아시아의 네 마리 호랑이, 혹은 작은 용으로 불린 대만에서도 세계적으로 유명한 위스키를 생산하고 있습니다. 대만이 WTO에 가입한 뒤 민간에서 위스키를 증류할 수 있게 되자 킹카King Car라는 재벌기업이 2005년에 증류소를 설립하고 생산하고 있는 카발란입니다.

대만도 인도처럼 높은 기후로 인해 증발하는 양이 많습니다. '천사'가 가져가는 몫이지요. 대신 천사는 가져가는 몫만큼 대가를 남겨두었습니다. 많이 증발하는 만큼 나이도 빨리 먹는다는 점입니다.

카발란의 위스키는 숙성 연수가 비교적 짧고, 모두 숙성 연수를 표기하지 않습니다. 대만에는 카발란 외에도 비슷한 시기인 2008년에 설립된 국영기업인 TTL 소유의 난터우Nantou 증류소에서 생산하는 오마르Omar 위스키도 있습니다.

호주 위스키

호주의 위스키Australian Whisky는 유럽에서 넘어온 죄수들과 이민자들에 의해 약 200여 년 전부터 생산되었습니다. 호주 남부에 있는 섬 태즈메이니아에서 처음으로 생산되었는데, 태즈메이니아에는 좋은 보리가 있어 위스키 같은 증류주가 발달할 수 있었습니다. 1838년 태즈메이니아에서 증류를 금지하는 법을 시행하며 그 이후에는 위스키를 만들지 못했습니다. 그로부터 약 150년 뒤인 1992년, 태즈메이니아에 빌라크 증류소가 설립된 것을 시작으로 호주에는 30곳 이상의 증류소가 세워졌으며, 현재까지 실험적이고 개성적인 다양한 위스키가 생산되고 있습니다. 호주의 유명 위스키는 태즈메이니아에 있는 설리반스 코브 Sullivans Cove, 라크 Lark Distillery와 호주의 스타워드 Starward, 베이커리힐Bakery Hill 등이 있습니다.

- 증류주
- 위스키
- 호주 위스키
- 싱글몰트위스키
- 1994년 설립
  프렌치오크통숙성
  (PORT WINE)
- 1804년
  데이비드 콜린선장이
  정착한곳
- 47.5%
- 호주, 태즈메이니아
- 설리반스 코브 생산

- 증류주
- 위스키
- 호주 위스키
- 싱글몰트위스키
- 1992년 설립
- 설립자
  BILL "LARK"
- 43%
- 호주, 태즈메이니아
- 라크증류소 생산

- 증류주
- 위스키
- 호주 위스키
- 싱글몰트위스키
- 2004년 설립
- 설립자
  데이비드 비탈리
  (라크에서 근무)
- 41%
- 호주, 멜버른
- 뉴월드 위스키 생산

프랑스 위스키

와인의 나라, 코냑의 나라 프랑스는 세계에서 1인당 위스키를 가상 많이 소비하는 나라이기도 합니다. 스카치위스키를 두 번째로 많이 수입하는 나라이기도 하고요. 반면, 처음 위스키를 생산했던 건 1987년이나 되어서였습니다. 조금 의외죠. 1783년 아일랜드의 화산 폭발로 프랑스 인근에 기근이 일었을 때 곡물의 증류가 금지되었고, 이후 과일포도의 증류가 주를 이뤘기 때문이라고 보는 견해도 있습니다. 2000년 이후 30곳이 넘는 증류소가 설립되었고 앞으로도 그 정도 수의 증류소가 더 생길 예정이라고 합니다.

생산량이 많지 않고 대부분 프랑스에서 소비되지만, 프랑스 위스키French Whisky의 규정이 명확해지고 와인, 코냑과 같이 좋은 이미지를 만들어나갈 수 있다면 크게 성장할 것으로 예상합니다. 잘 알려진 프랑스 위스키로는 프랑스의 첫 싱글몰트 위스키를 출시한 와렝헴Warenghem 증류소의 아르모리크Armorik 위스키와, 메르니Menhir 증류소의 메밀을 원료로 만든 에듀Eddu 위스키가 있습니다.

ARMORIK 아르모리크
SINGLE MALT FRENCH WHISKY

- 증류주
- 위스키
- 프렌치 위스키
- 싱글몰트 위스키
- 1900 설립
  (1987년 위스키 생산)
  프랑스 첫 싱글몰트
  (1998년)
- 과거 생산 리큐어
  ELIXIR D'ARMORIQUE
- 46%
- 프랑스
- 와렝헴 증류소 생산
  (DISTILLERIE WARENGHEM)

EDDU 에듀
SILVER FRENCH WHISKY

- 증류주
- 위스키
- 프렌치 위스키
- 그레인 위스키
  메밀
  BUCKWHEAT
- 1986년 설립
- 2002년 출시
- 43%
- 프랑스, 브르타뉴
- 멘히르 증류소 생산
  (DISTILLERIE DES MENHIRS)

독일 위스키

맥주의 나라 독일. 맥주를 증류하면 위스키가 되니 독일에서도 당연히 위스키가 많이 생산될 것으로 생각하기 쉽지만, 독일 위스키 German Whisky 가 생산되기 시작했을 때는 비교적 최근인 30년 전부터였습니다.

독일 인근에는 오래전부터 소규모로 생산되는 콘 혹은 코른 Korn 이라는 증류주가 있습니다. 코른은 'Kornbrand' 또는 'Kornbranntwein'에서 유래되었는데, 이는 '곡물 브랜디'라는 뜻입니다. 브랜디를 생산하다가 규제 속에서 소규모로 곡물을 증류하기 시작한 것이죠.

독일의 위스키는 이런 소규모 증류소들이 비교적 유연한 규제 속에서 생산했으며, 지금은 세계적인 눈높이에 맞는 특색 있는 위스키를 생산하는 증류소가 늘어나고 있습니다. 잘 알려진 독일 위스키로는 실리스 SLYRS 위스키, 엘스번 ElsBurn 으로 이름을 바꾼 글렌 엘스 Glen Els 위스키 등이 있습니다.

- 증류주
- 위스키
- 독일 위스키
- 싱글몰트 위스키
- 1928년 설립
  2002년 위스키출시
  (1999년 증류)
- 779년 지어진
  수도원 이름
  SCHLIERSEE
  실리스 지역의
  이름이 됨
- 43%
- 독일, 바버리아
- 실리스 증류소 생산

- 증류주
- 위스키
- 인도네시아 위스키
- 그레인 위스키
  (MALT, GRAIN)
- 인도네시아 최초
  위스키 증류소
- 4년 숙성
- 43%
- 인도네시아
  발리
- DRUM 생산
  ASTIDAMA 증류소

인도네시아 위스키

인도네시아에서도 위스키를 생산하고 있습니다. 발리에 증류소가 있으며, 아직 많이 알려지지는 않았지만 국제 규정에 맞춰 인도네시아와 발리를 대표하는 드럼 Drum 위스키가 있습니다. 소비자가 주가 되어 평가하는 증류주 경연대회인 'SIP 어워드'에서 2012년에 금상을 수상하기도 했습니다.

체코 위스키

체코 위스키 Czech Whisky 는 근래에 나왔지만 과거 냉전 시내의 믹바시인 체코늘토바키아 시칠까시 이어지는 이야기로도 유명합니다.

1980년대 소련과 체코의 부유한 사람들은 위스키를 선호했기에 수요를 확인한 프라들로 증류소에서 위스키를 만들기 시작했습니다. 이때 소련의 압력이 있었다는 설도 있습니다. 지금처럼 교류가 원활하지 않아 여러 시행착오 끝에 어렵게 위스키를 증류했지만, 1989년 독일이 통일되고 체코와 슬로바키아가 분리된 뒤 스카치위스키, 아이리시 위스키, 아메리칸 위스키가 들어오면서 간신히 증류에 성공했던 체코의 위스키는 방치되었습니다. 참고로 체코 위스키를 증류했던 바츨라프 시트너 Vaclav Sitner 는 일본의 타케츠루 마사타카처럼 체코 위스키의 아버지라 불린답니다.

이윽고 2007년 영국의 주류 회사 스톡 스피리츠 Stock Spirits 가 프라들로 증류소를 인수한 뒤 잊혔던 이 위스키를 발견하고, 2011년 처음 병입하여 빈티지 헤머 헤드 Hammer Head 위스키를 발매했습니다.

그 밖의 위스키

중국에서는 백주가 나라의 술이다 보니 위스키를 의미 있게 생산하고 있지는 않지만, 최근 페르노리카가 쓰촨성에 위스키 증류소를 설립하고 있으며 2023년 즈음 위스키를 출시할 예정이라고 합니다.

이외에도 네덜란드, 핀란드, 스웨덴, 스위스, 덴마크 등 대부분의 유럽 국가와 파키스탄, 이스라엘, 남아프리카 공화국까지 많은 나라에서 위스키를 생산하고 있으며, 앞으로 계속해서 늘어날 것으로 예상됩니다.

CHAPTER

09

한국의 위스키

위스키가 처음 들어온 지 100년이 넘은 한국은 한때 꽤 많은 위스키를 수입해 소비하기도 했던 나라였습니다. 세계의 많은 곳에서 위스키를 생산하고 있는 이때까지 놀랍게도 우리나라에는 순수하게 국내에서 생산하는 위스키가 없었습니다. 2020년에야 2곳의 증류소가 생겼고, 드디어 2021년에 국내 첫 위스키가 생산되었지요. 그렇다면 그동안 우리가 알고 있었던 국내 위스키들은 무엇이었으며, 왜 지금까지 우리나라의 위스키가 없었을까요? 한국의 위스키에 대해 알아보도록 하겠습니다.

한국 위스키의 역사

19세기 말, 일본을 통해 우리나라에도 위스키가 들어오기 시작했습니다. 20세기 초에는 무역상들이 직접 수입하여 당시 경성의 모던 보이들이 카페에서 즐겨 찾을 정도가 되었다고 합니다. 위스키의 인기로 유사 위스키가 생겨나고, 해방 후에는 메틸 알코올을 섞은 이 유사 위스키^{해림의 고래표 위스키}를 마시고 사람이 죽기도 했으나, 주정에 색을 낸 유사 위스키의 유통은 계속되었습니다. 한국 전쟁 뒤

미군을 통해 위스키가 들어올 때 일본산 위스키도 밀수되었는데 바로 산토리의 도리스 위스키였습니다. 도리스 위스키가 인기를 끌자 국제 양조장이라는 곳에서 '도리스'라는 같은 이름으로 유사 위스키를 생산했습니다. 그러다 상표법 위반으로 법적 제재를 받은 후, 도리스 위스키의 자매품이라 하며 이름을 바꿔 다시 생산한 위스키가 바로 짙은 색소폰 소리가 어울리는 도라지 위스키였습니다.

도리스 위스키
(산토리)

일본 위스키

도라지 위스키
(도라지양조)

유사 위스키
(향/색소 첨가)

리라 위스키
(천연 양조)

유사 위스키
(향/색소 첨가)

에릭사
(진로)

ELIXIR

기타 재제주
(위스키원액)
19.9%

조지 드레이크
(백화양조)

George Drake

기타재제주
(위스키원액)
19.9%

제이알JR
(진로)

JR

기타재제주
(위스키원액)
19.9%

1970년 이후 점차적으로 경제 성장을 하고 외국과의 교류가 활발해지면서 외국의 위스키들이 국내로 들어왔습니다. 그러면서 한국인들도 좋은 품질의 위스키를 원하게 되었죠. 위스키 원액을 수입해서 주정에 섞는 방식으로 그나마 위스키에 조금 가까운 제품이 등장했습니다. 백화양조의 조지 드레이크 1975년 , 진로의 인삼 위스키 에릭사 1975년 와

JR 1976년 위스키가 이때 생산되었습니다.

당시 주세법으로 위스키는 20% 이상의 위스키 원액을 사용해야 했는데 위스키 원액 20%에 주정 80% , 이위스키들은 세금을 낮추기 위해 19.9%의 위스키 원액을 사용하여 기타재제주로 분류되었습니다. 정부는 위스키 표기를 위해 더 높은 원액 사용을 요구했죠.

길벗
(진로)

GILBERT
길벗

위스키
(원액 25%)

베리나인
(백화양조)

VALLEY

위스키
(원액 25%)

드슈
(해태주조)

DE SIOU

위스키
(원액 25%)

1977년, 세금을 낮추기 위한 위스키 생산 업체들의 꼼수에 정부는 강하게 대응했고 정부의 지시로 위스키 원액을 25% 사용하는 진로의 길벗, 백화양조의 베리나인, 해태 주류의 드슈가 출시되었습니다.

법적으로도 '위스키'라고 부르고, 표기할 수 있는 한국 최초의 위스키들이라 할 수 있습니다. 참고로 같은 이름으로 19.9%를 첨가하고서 기타제재주 표기를 달고 판매하는 방식 역시 병행했습니다.

길벗로얄
(진로)

1급 위스키
(원액 30%)

베리나인
골드
(백화양조)

1급 위스키
(원액 30%)

블랙스톤
(오비씨그램)

1급 위스키
(원액 30%)

1978년 이후 30%까지 첨가율을 높인 백화양조는 베리나인 골드를 출시하고, 진로는 길벗골드 오비씨그램의 블랙스톤을 출시했습니다. 이 업체들은 국산 위스키 원액을 개발 및 생산한다는 조건으로 위스키 원액을 수입하고 판매했습니다. 당시에 12년 등의 숙성 연수 표기를 했는데, 스카치위스키협회의 이의 제기로 숙성 연수 표기가 수정되었습니다.

비 아이피
(진로)

위스키
(원액 100%)

베리나인
골드 킹
(백화양조)

위스키
(원액 100%)

패스포트
(오비 씨그램)

위스키
(원액 100%)

한국이 국제적인 무역에 뛰어들며 외국과의 교류가 활발해지기 시작할 무렵, 국제 시장의 압박과 더불어 1984년 아시안게임과 1988년 올림픽을 맞아 위스키 원액 100%의 제품을 생산하라는 정부의 압박이 가해졌습니다.

그리고 1984년, 드디어 위스키 원액 100% 제품 몰트 40%, 그레인 60% 이 국내에 등장했습니다. 백화양조는 베리나인의 이름을 계속 사용하며 베리나인 골드 킹을 출시했으며, 오비씨그램은 패스포트를 출시했고, 진로는 VIP를 출시했습니다. 당시 판매율 1위 제품인 베리나인을 생산하던 백화양조는 이후 판매 부진과 경영난으로 1986년 오비씨그램에 합병되었습니다. 이때 베리나인에서는 썸씽스페셜 제품을 출시합니다.

당시 국내 위스키는 세 가지 등급으로 구분되었습

다크호스
(진로)

특급위스키
(국산원액포함)

베리나인
골드
(베리나인)

특급위스키
(국산원액포함)

디프로매트
(오비씨그램)

특급위스키
(국산원액포함)

니다. 제일 높은 등급인 특급은 수입 원액몰트 30%에 그레인 70% 제품이며, 1급은 수입 원액 25%에 국산 주정 75% 제품입니다. 2급 제품은 수입 원액 20%에 국산 주정 80%였습니다.

1987년 3월, 드디어 국내에서 생산한 위스키 원액을 첨가한 국산 위스키가 출시됩니다. 몰트위스키 30%에 그레인위스키 70%를 섞은 위스키입니다. 몰트위스키 30% 중에서 국산 몰트위스키 원액이 9%, 수입 몰트위스키 원액이 21%이며, 그레인위스키 70% 중에서는 국산 그레인위스키 원액이 28%, 수입 그레인위스키 원액 21%, 주정이 21%입니다. 즉, 국내에서 생산한 몰트위스키 원액 9%, 그레인위스키 원액 28%가 첨가되는 위스키로, 오비씨그램의 디프로매트, 진로의 다크 호스, 베리나인의 베리나인 골드입니다.

이 국내 위스키들은 100% 수입산 스카치위스키와 큰 차이가 없는 가격 때문에 경쟁력을 갖지 못해 보호 대책을 요청했고, 다른 주류 메이커들은 외국 위스키를 수입할 수 있는 수입권을 요구했습니다. 결국 1990년대 초반, 국산 위스키 원액이 일부 들어간 국내 위스키 모두가 생산을 중단하게 되었습니다.

사실상 1990년에 주류 수입이 개방될 무렵까지 판매되던 위스키 중에는 제대로 된 제품이 없으며, 제대로 된 외국 위스키들은 장식장을 장식하는 밀수품이었습니다. 그렇게 위스키는 대한민국 지하의 단란한 곳에서 맥주와 섞어 마시는 술로 인식되어 마치 취하기 위한 도구처럼 여겨지다가 경기 침체와 함께 내리막길을 걷게 되었습니다. 어떤 술인지 제대로 알아볼 겨를도 없이 말이죠. 지나온 길을 보면 한국에서 조금은 억울한 술이 위스키가 아닐까 합니다.

이제 글로벌 시대를 맞아 다양한 위스키를 어렵지 않게 만날 수 있게 되었습니다. 개성적인 위스키들이 생산되면서 자신의 취향에 맞는 위스키를 만나기도 그만큼 쉬워졌습니다. 우리나라에서도 싱글몰트를 비롯한 다양한 위스키에 대한 관심이 커지면서, 위스키를 그 자체로 즐기는 사람들이 점점 늘어나고 있습니다. 그럴수록 우리나라 위스키의 부재에 대한 아쉬움도 점점 커지고 있습니다. 대만의 카발란 위스키의 성공은 많은 생각할 거리를 주고 있지요. 돈이 되지 않는다는 이유로 쉽게 놓아버린 한국 위스키. 물론 여러 가지 이유가 있었겠지만 이제는 열정, 자본, 제도가 어우러져 하나쯤은 제대로 된 제품이 나와줄 때가 되지 않았나 합니다.

그러던 중 2020년, 드디어 우리나라에도 위스키 증류소가 설립되었습니다. 자본도 제도도 뒷받침해 주지 않고 오직 열정으로 만들어진 증류소가 문을 열었습니다. 그것도 2곳이나 말이죠.

김창수 위스키 증류소
KIM CHANG SOO WHISKY DISTILLERY
김포

김창수 위스키 증류소

위스키에 대한 열정만으로 국내 위스키를 만들겠다는, 조금은 무모한 생각을 하는 사람이 있습니다. 자전거를 타고 스코틀랜드의 증류소들을 모두 돌아보거나 일본 증류소에서 연수를 했으며, 일본에서는 한국의 타케츠루 마사타카로 소개되었던 김창수입니다. 결국 혼자 힘으로 2020년에 증류소를 열고 증류기 등의 설비와 오크통을 들여와 위스키 증류를 시작했습니다. 국산 오크통, 국산 보리, 국산 효모를 사용해 다들 안 된다고 하는 국산 위

스키를 만들고자 노력하고 있고, 이제는 많은 사람들이 그 열정에 감탄하며 응원하고 있습니다.

위스키는 세월을 먹고 자라기 때문에 그의 손에서 국내 위스키가 제품화되어 나오기까지는 조금 시간이 걸릴 듯하고 그 위스키가 자리 잡기까지는 더 많은 시간이 필요할지도 모르지만, '김창수'라는 이름은 분명 조금씩 쓰일 한국 위스키의 역사에서 중요한 자리를 차지할 것으로 생각합니다.

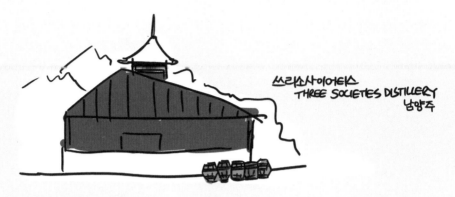

쓰리소사이어티스 증류소

2020년 김창수 위스키 증류소가 문을 열기 조금 전에 문을 연 증류소가 한 곳 더 있습니다. 바로 쓰리소사이어티스 증류소입니다. 스코틀랜드 출신의 디스틸러를 비롯해 여러 사람이 모여 한국의 위스키를 만들고 있습니다. 2021년 9월에는 1년 이상 숙성해야 한다는 국내법을 충족한 국내 최초의 위스키를 출시했습니다. 오늘도 쓰리소사이어티스 증류소는 한국의 싱글몰트 위스키를 생산하기 위해 열심히 증류하고 있습니다.

김창수 위스키 증류소와 쓰리소사이어티스 증류소. 같은 해에 태어난 이 증류소들이 한국 위스키의 토대가 되기를 바라며, 그곳에서 태어날 위스키를 기대해봅니다.

쓰리소사이어티스 증류소에 이어 김창수 증류소도 2022년 싱글몰트 위스키를 출시했습니다.

INTERESTING WHISKY FACTS
재미난 위스키 상식 Ⅱ

- 마운틴 듀는 위스키 체이서를 목적으로 만들어졌음
- 위스키는 병에서 세월을 보낼 뿐 나이를 먹지 않는다
- 위스키는 한 잔(30ml)에 평균 64 칼로리
- 한 그루의 참나무로 평균 3개의 60걸런(227리터) 캐스크를 만듦
- 아이슬란드에서는 전통적으로 몰팅 시 양의 거름을 연료로 이용
- 미국 금주법 기간 중 위스키는 의학적 목적으로 처방
- 가장 오래된 위스키로 기네스에 기록된 위스키는 1847년 증류한 BAKER'S PURE RYE WHISKEY
- 세계 위스키의 날은 3월 27일(INTERNATIONAL)과 5월 셋째 주 토요일(WORLD) 두 개가 있음 (의견차로 나뉨)

위스키 안내서

CHAPTER

01

위스키 즐기기

지금까지 위스키가 어떤 술인지 알아보았으니 이 제는 직접 위스키를 즐겨봐야겠죠. 위스키의 역사, 제조 과정, 종류 등을 알아보았지만 가장 중요한 것은 위스키를 직접 만나 맛보는 것이 아닐까 합 니다.

위스키에 여러 종류가 있듯이 즐기는 방법에도 여 러 가지가 있습니다. 위스키와 친해지는 방법은 사람마다 다르겠지만, 여러 사례를 살펴보며 실제 로 어떻게 위스키를 만나고 즐길 수 있는지 알아 보겠습니다.

위스키 만나기

여러분에게 '첫술'은 무엇이었나요? 대부분 첫술은 발효주인 경우가 많을 듯합니다. 우리나라 사람들은 대개 맥주를 처음 만나겠지요. 1970~1980년대라면 막걸리를 먼저 접했을지도 모르겠습니다. 그런 뒤에 이제 국민 술, 소주를 맛보겠지요. 가격도 저렴해 서민의 친구라 불렸던 소주는 예전보다야 낮아졌다지만, 맥주보다 3~4배 정도 높은 도수를 가지고 있는 증류주입니다. 그런 후에는 보통 양주라 불렸던 외국 술, 보통 40% 전후로 도수가 높은 독한 술을 만나게 됩니다.

이제 증류식 소주도 많이 나오고 있으니, 높은 도수의 소주도 포함할 수 있겠네요.

그러다가 위스키를 접합니다. 어떤 위스키를 만나게 될까요? 보통 밸런타인, 시바스 리갈, 조니워커 등의 유명 스카치위스키를 만나지 않을까 생각합니다. 술을 좋아해서 소장하고 있는 사람들은 자신도 모르는 위스키를 한두 개 정도 가지고 있는 경우가 많습니다. 가족이나 친구들이 선물해준 위스키가 있을 수도 있습니다. 만약 높은 숫자 숙성 기간가 적힌 위스키가 있다면 나중을 위해 아껴두시고, 우선은 가장 많이 들어본 대중적인 위스키부터 접하는 것이 좋습니다.

위스키를 처음 만난다면 이제 점점 더 높은 도수의 위스키를 찾는 분들은 그때가 생각나지 않겠지만, 위스키를 즐기기가 사실 좀 어려울 수 있습니다. 그동안 만나왔던 술에 비해 도수가 꽤나 높기 때문이죠. 적게는 2~3배에서 많게는 8배까지 높으니까요. 그 때문에 위스키를 처음 마실 때는 물이나 다른 음료를 섞는 경우가 많습니다. 이렇게 술의 한 종류로 소비하는 게 칵테일이 되겠죠. 그렇게 즐기다가 위스키의 매력에 흠뻑 빠지는 경우가 많습니다.
아마 많은 분들의 첫 만남이 그랬을 것입니다.

위스키를 마시는 법 1

위스키가 나에게 너무 강하고 부담스럽다면 위스키에 콜라 토닉워터, 소다수 등을 섞어 마시는 것도 좋은 방법입니다. 첫인상이 중요하니 부담 없이 시작하는 게 좋겠죠.

음료를 섞어 마시는 가장 유명한 두 가지 방법이 있습니다. 위스키에 콜라를 타서 마시는 '위스키콕', 위스키에 소다수를 섞어 마시는 '위스키하이볼'이죠. 위스키콕은 잭 대니얼에 콜라를 섞는 잭콕이 유명하죠. 위스키하이볼로는 근래 유행했던 산토리 가쿠 위스키에 소다수를 섞는 가쿠하이볼이 유명합니다.

음료와 섞는 것은 아니지만 일본에서 위스키를 알리기 위해 사용한 방법이 있습니다. 청주, 맥주에 익숙했던 일본인들이 부담 없이 즐길 수 있었던 방법으로, 위스키에 얼음과 차가운 물을 섞어 마시는 '미즈와리'입니다.

위스키
WHISKY

얼음
ICE

온더락
ON THE ROCK

위스키
WHISKY

물
WATER

위스키
WHISKY

NEAT

니트(Neat)는 물을 타지 않은 위스키를 말합니다.

위스키를 마시는 법 2

위스키와 다른 음료들을 부담 없이 섞어 마시다가, 점차 음료를 섞지 않고 위스키만을 즐기게 될 수도 있습니다. 그래도 아직 깡만 위스키가 조금 부담이 되는 분들에게 좋은 방법은 우리나라에서도 즐겨 마시는 방법으로, 위스키에 얼음을 타서 마시는 '온더락'입니다. 위스키의 강렬함을 얼음으로 차갑게 해서 낮추고, 조금씩 얼음이 녹아 생기는 물로 도수도 다소 낮출 수 있습니다. 얼음이 보여주는 시각적인 효과도 있고, 달그락거리는 청각적인 효과도 있겠네요. 온더락의 여러 요소가 위스키를 더욱 가볍게 즐길 수 있도록 도와줍니다.

그리고 흔하지는 않지만 위스키에 물을 타서 마시는 방법도 있습니다. 물과 위스키를 1:1이나 자신에게 맞는 비율로 섞어 마시는 방법입니다. 실제로 마셔보면 예상외로 괜찮다는 걸 알게 됩니다. 위스키의 나라 스코틀랜드에서도 많은 사람들이 즐기는 방식이죠. 또 다른 방법으로는 위스키에 물을 몇 방울 첨가해서 마시는 방법입니다. 물을 위스키와 비슷한 비율로 섞어 마시는 것이 음용을 부담 없이 쉽게 하기 위해서라면, 위스키에 물을 몇 방울 첨가하는 것은 향을 더욱 높이기 위한 방법입니다.

보통 이렇게 위스키를 접하며 조금씩 그 매력을 알아갑니다. 그러다 보면 결국 아무것도 첨가하지 않고 위스키만을 즐기는 방식으로 들어서기 마련인데, 이때는 위스키에 다른 걸 첨가하지 않고 단숨에 들이키거나 향을 느끼며 천천히 마실 수 있게 됩니다.

위스키를 만날 수 있는 곳

위스키를 처음 접한 경험이 즐거운 기억으로 남았다면 또 다른 위스키도 맛보고 싶어집니다. 그러다 위스키에 대해 더 알고 싶고 더 다양한 종류의 위스키를 만나고 싶어지게 됩니다.

어디에서 다양한 위스키를 만날 수 있을까요? 불과 얼마 전까지 주위에서 쉽게 위스키를 만나기는 어려운 일이었습니다. 만날 수 있는 곳이 많지 않고, 만날 수 있는 종류도 한정되어 있었죠. 금액 또한 외국에 비해 꽤나 높았습니다.

그러나 2010년을 전후로 위스키를 취급하는 곳이 점차 많아졌고, 10년도 지난 지금은 과거에 비해 제법 많은 곳에서 다양한 위스키를 접할 수 있게 되었습니다.

그렇다면 구체적으로 어디에서 위스키를 만날 수 있을까요? 가까운 곳에서부터 위스키를 찾아보면 좋을 것 같습니다.

접근성 높음
다소 저렴

■ 대형마트

홈플러스, 이마트, 롯데마트, 이마트 트레이더스, 코스트코 등의 대형마트에서는 어느 정도 적정선의 가격으로 위스키를 쉽게 만날 수 있습니다. 간혹 일부 품목은 외국보다 저렴한 때도 있습니다.

많이 팔리는 유명 위스키들이 주를 이루고 있으며, 종류도 조금씩 늘어나고 있지만 아직은 많이 모자라죠. 이마트 계열의 '와인앤모어'에서 좀 더 많은 종류의 주류를 취급하고 있지만 가격이 조금 비싼 편입니다.

다양함
취향 파악에
용이

■ 바(bar)

다양한 위스키를 만나기 가장 쉬운 곳이 바로 바입니다. 근 10년 사이에 위스키를 전문적으로 취급하는 싱글몰트 위스키 바들이 굉장히 많이 늘어났습니다. 서울뿐만 아니라 지방에도 조금씩 늘어나고 있지요. 전문적인 지식을 갖춘 바텐더들의 도움을

받아 다양한 위스키를 접할 수 있고, 병으로 구매하지 않고도 조금씩 맛볼 수 있어서 다소 가격대가 있다고 하더라도 자신에게 맞는 위스키를 찾기에 무척 좋습니다. 병으로 구매해도 가격이 저렴한 원가바 같은 곳들도 있습니다.

■ 주류 가게 & 주류 백화점

한때 동네에 하나씩 생겼을 정도로 번창했던 주류 백화점이 있습니다. 가격대가 다소 높았지만 여러 제품이 있었고, 단종되거나 보기 힘든 제품이 있기도 했지요. 지금까지도 다양한 주류를 판매하고 있습니다. 서울 남대문 상가의 주류 업체 몇 곳에서 오래전부터 위스키를 포함한 다양한 주류를 저렴하게 구매할 수 있었습니다. 다만 지금은 점점 나아지고 있다고는 해도 개인의 주류 매입, 현금 구매 유도 등의 그늘진 면이 없진 않았습니다.

최근 들어 서울 근교와 지방의 큰 도시에도 위스키 전용 판매점들이 하나둘 생기고 있습니다. 다양한 위스키를 만날 수 있으며 가격 또한 저렴한 편입니다. 아직까지 그 수가 많지는 않지만 점점 늘어날 것으로 보입니다.

■ 면세점 & 외국

우리나라에서 위스키는 주세로 인해 가격대가 더욱 높아지므로 가장 싸게 살 수 있는 곳이 면세점입니다. 가까운 외국의 소매점에서도 다양하고 저렴한 위스키를 구할 수 있지만, 국내외 면세점에서는 면세점만의 한정판 위스키를 구할 수 있으며 고숙성 연수의 위스키를 가장 쉽게 구할 수 있다는 장점이 있습니다. 다만 코로나19 사태로 인해 외국을 자유롭게 이동할 수 없게 되면서 현재는 제주도 공항의 면세 위스키가 주목받고 있습니다. 면세점 구매 및 외국에서의 주류 반입에는 수요와 금액의 제한이 있는 단점도 있습니다.

■ 온라인

온라인으로 모든 것이 이뤄지는 세상이죠. 무엇이든 속도를 내던 것과는 조금 동떨어지게도, 국내에서 전통주를 제외한 주류의 개인 거래 및 온라인 판매는 불법이었습니다.

그러다 다른 물품처럼 배송까지 가능해진 것은 아니지만 2020년부터는 온라인으로 주문하고 직접 매장을 방문해서 수령하는 스마트 오더 방식의 구매가 가능해졌습니다. 문제점들이 보완되고 주류 문화가 바뀌면 더욱 편리하고 저렴하게 온라인 주문이 이뤄질 수 있고, 그런 방식을 통해서 개인 간의 주류 거래도 가능해지지 않을까 생각합니다. 온라인 커뮤니티가 위스키 판매에 큰 영향을 끼치게된 것은 새로운 이야기가 아닙니다. 인터넷 카페 등을 통해서도 시음회 방식으로 다양한 위스키를 만날 수 있습니다. 스마트 오더가 더 활발해지면 공동구매 등으로 각종 사이트나 카페를 통해 다양한 위스키를 구매하는 방식이 좀 더 보편화될 것입니다. 직구 방식을 통해 국외의 사이트를 이용할 수도 있습니다. 외국의 주류 사이트나 경매 사이트 등에서 구매한 뒤 배송받는 방법이지요. 국내에서 만나기 힘든 다양한 제품을 구매할 수 있다는 장점이 있지만, 더해지는 세금부가세, 관세, 주세을 생각하면 아직 널리 선호하는 방식은 아닙니다. 수요가 늘어나면 좀 더 쉽고 저렴하게 구매할 수 있게 될 것으로 보입니다.

2019년 말에 시작된 코로나19 사태는 전 세계의 산업을 바꿔놓았습니다. 위스키 업계도 다르지 않습니다. 결국 온라인으로 이뤄지는 위스키 판매는 늘어날 수밖에 없으며, 우리나라도 예외일 수는 없습니다. 코로나19로 인해 가속되고 필수화된 온라인 산업의 변화에 국내 위스키 시장도 함께 적응한다면 질적으로나 양적으로 성장할 것으로 보입니다.

위스키와 함께 만나는 위스키 잔

바야흐로 위스키 황금시대. 정말 다양한 위스키가 끝없이 쏟아져 나오고 있습니다. 이런저런 위스키들을 알게 되면서 어느 순간 '아, 이거다!' 하는 위스키가 생기게 됩니다. '이게 바로 나의 위스키구나.' 그러면서 한동안 비슷한 위스키를 만나다가 문득 다른 느낌의 위스키도 맛보고 싶어집니다.

위스키의 맛을 보는 데 큰 도움을 주는 것이 있습니다. 꼭 필요한 것이기도 합니다. 바로 위스키 잔이지요. 위스키잔에는 흔히 보는 숏, 올드 패션드,

하이볼 잔 외에도 위스키의 향을 느끼기 쉽게 만들어진 잔들이 있습니다. 흔히 '노징글라스'라고 부르는 이 잔들은 위스키의 풍미를 느끼는 데 도움을 줍니다. 그중에서 가장 많은 사랑은 받는 잔은 작은 램프 모양의 '글렌캐런'입니다. 가격도 어느 정도 저렴하고 위스키의 향과 맛을 느끼기에 부족함이 없습니다. 디자인도 참 좋지요. 그밖에 튤립 모양의 코피타 글라스, 브랜디 글라스, 전문가의 포스가 풍기는 니트 글라스 등이 있으며, 이외에도 제조사별, 종류별로 수많은 위스키 잔이 있습니다.

누구에게나 추천하는 위스키

개인의 취향은 다양하고 위스키 종류 또한 많습니다. 따라서 여러 위스키를 마셔보며 자신에게 맞는 위스키를 찾는 방식이 가장 좋겠죠. 입맛은 여러 조건—취향, 분위기, 심리 상태, 심지어 날씨에 따라서 바뀌기도 하니까요. 다만 처음 위스키를 접하는 초보 드링커들이 참고할 수 있도록 가격, 접근성, 특성 등을 고려해 널리 사랑을 받는 위스키들을 추천해보겠습니다.

위스키 입문 3대장

숫자 '3'이 주는 균형과 안정감 때문인지, 위스키에서도 흔히 3대장이라 하며 위스키를 구분하기도 합니다.

위스키에 대한 감상은 주관적이기 때문에 저마다 선정하는 방식은 다르겠지만, 종류별로 많이 알려지고 가장 많이 추천되며 쉽게 만날 수 있으면서 가성비도 좋아, 여러모로 처음 접하기 좋기로 꼽히는 위스키들이 있습니다.

가성비좋고 만나기쉬운 위스키 입문 3대장

블렌디드 3대장

시바스리갈
12년

조니워커
블랙라벨

밸런타인
12년

블렌디드 몰트 3대장

코퍼독

조니워커
그린라벨

몽키숄더

버번 3대장

메이커스
마크

버팔로
트레이스

와일드터키
101

아일라 피트 3대장

라가불린
16년

아드벡
10년

라프로익
10년

싱글몰트 베스트 셀러 3대장

셰리 3대장

맥캘란
12년

글렌드로낙
12년

글렌고인
12년

글렌모렌지
오리지널

글렌피딕
12년

글렌리벳
12년

위스키 맛보기

다양한 위스키를 만나다 보면 위스키 풍미를 이해하게 되고 조금씩 그 매력에 빠지게 됩니다.

풍미(flavor)는 사전적 의미로 음식의 고유한 맛을 말합니다. 위스키의 풍미라면 위스키의 향과 맛이 어우러져 느껴지는 감각 정도로 생각하면 될 듯합니다.

과거에는 특정인만이 다양한 종류의 위스키를 즐기거나 맛볼 수 있었습니다. 여러 증류소의 위스키 또는 같은 증류소의 다른 위스키를 맛보며, 비슷하거나 색다른 풍미를 비교하고 즐기는 위스키 맛보기 Whisky Tasting는 이제 일반인에게도 흔한 것이 되었습니다.

위스키 평론가들은 위스키 맛보기를 할 때 도움이 될 만한 정보를 알려주는데 주로 향에 대한 것이 대부분입니다. 향이 나는 음식, 향수, 비누 같은 요소는 피하고 차분하고 편견 없이 위스키를 맛볼 것을 추천하고 있습니다. 위스키를 맛보는 과정을 간단하게 나눠보면 다음과 같습니다.

- **시각** 위스키의 색과 점성을 보고,
- **향** 위스키의 여러 향을 맡고,
- **맛** 맛을 보며 향과 함께 다양한 풍미를 느끼고,
- **여운** 다 마신 뒤 여운을 느끼는 것

위스키의 맛과 향

위스키를 즐기는 간단한 4가지 과정 시각, 향, 맛, 여운을 소개했지만, 위스키를 마실 때 느끼는 풍미는 아주 다양하며 그 범위는 대단히 넓습니다. 빛의

미묘한 차이로 수많은 색이 나오는 것처럼 말이죠. 위스키에는 수많은 풍미가 담겨 있지만 사실 모든 사람이 다양한 맛과 향을 느낄 수 있는 건 아닙니

다. 또한 위스키의 맛과 향이 실체에서 오는 것은 아니므로 같은 풍미도 다르게 느끼는 경우가 많습니다.

위스키는 맛과 향이 어우러져 하나의 풍미를 이룹니다. 기본적으로 느낄 수 있는 4가지 맛인 단맛sweety, 신맛sour, 쓴맛bitter, 짠맛salty과 더불어 감칠맛umami, 매운맛spicy, 떫은맛astringency 등에 각종 향이 섞여 수많은 풍미를 만들어내지요.

맛과 향은 개인의 체험, 기억, 상황 등에 따라 다르게 느껴지니 사람에 의해 표현되는 맛과 향은 수없이 많다고 할 수 있습니다.

위스키의 품미

흔히 큰 범위로 구분하는 풍미를 기본으로 그 안에서 조합되는 다양한 위스키의 풍미를 느낄 수 있습니다.

위스키의 여러 풍미 중 크게 구분되는 풍미로는 5가지가 있습니다. 바로 나무woody, 피트peaty, 과일fruity, 꽃floral, 향료spicy 입니다.

큰 특징을 가진 풍미로 이 5가지를 꼽아볼 수 있으며, 물론 다른 큰 특징을 가진 풍미도 많습니다. 각자가 느끼는 위스키의 풍미는 모두 다를 테니까요.

다양한 방식으로 위스키 맛보기

자신이 느낄 수 있는 큰 특징을 가진 범위의 풍미를 정하고 세분화하여 자신만의 위스키 시음 노트를 작성하면 어떨까요? 위스키 제조사나 평론가들이 제공하는 프로필과 비교하는 것도 위스키를 즐기는 멋진 방법이 될 수 있겠네요.

여러 위스키를 비교하고 시음할 때는 보통 3~5개 정도의 위스키를 맛보곤 합니다. 각 위스키 섭취량은 15~20mL 정도가 적당하지요. 마시는 양이 100mL를 넘어가게 되면 시음하며 풍미를 비교하고 구분해내기가 매우 어려워집니다. 그럴 때는 어느 정도 하루 이상 시간을 두고 다시 시음하며 이전에 느꼈던 위스키의 인상 풍미과 비교하는 것도 좋습니다.

어느 정도 위스키를 맛보았다면 위스키의 정보를 제한 조절하며 편견 없이 위스키를 맛보는 '블라인드 테스트'도 좋습니다. 아마도 재미있는 결과들이 기다리고 있을 것입니다. 사실 위스키의 풍미를 정확히 표현하기란 참 어려운 일이죠. 10명이면 10명 모두가 다르게 느끼니까요. 이 말을 들어보면 그런 듯하고, 저 말을 들어보면 저런 듯하기도 합니다.

그러니 위스키를 맛볼 때 결국 가장 중요한 것은 즐겁게 마시는 것이 아닐까 생각합니다.

위스키 맛보는 법에 관한 글은 대부분 이런 식으로 마무리됩니다.

테이스팅 노트 만들기

테이스팅 노트에 들어갈 위스키 정보는 무엇이 있을까요? 먼저 위스키의 기본 정보인 이름, 도수, 숙성 기간이 있습니다. 거기에 풍미에 관한 정보인 향 nose, aroma, 맛 taste, palate, 여운 finish 까지, 이렇게 6가지가 위스키 테이스팅 노트에 들어갈 기본 정보입니다.

그 외에 증류소, 종류, 색, 함께 맛본 위스키 등 자신에게 관심 있는 정보를 추가하는 형식으로 테이스팅 노트를 만들 수 있습니다. 혹은 위스키 이름과 풍미, 이 두 가지 필수 사항만 간략히 기재할 수도 있겠죠.

정해진 형식은 없으니 자유롭게 자신만의 테이스팅 노트를 만들어봅시다.

필수 기재사항

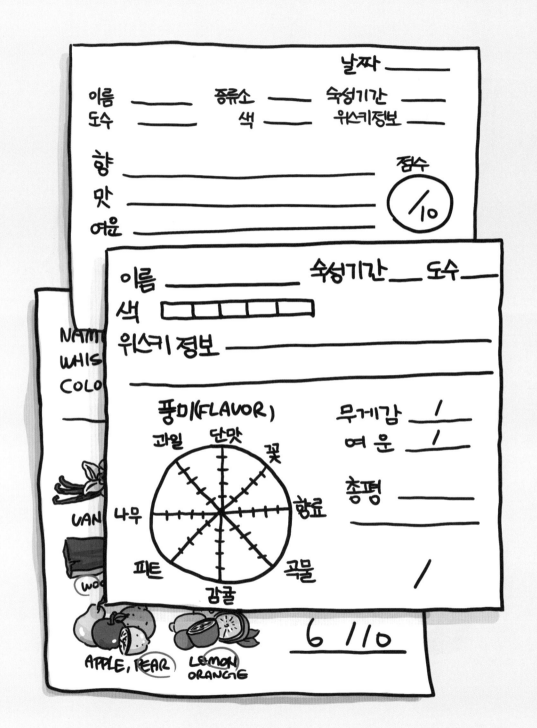

위스키와 음식

술과 음식의 궁합은 중요하죠. 술과 음식의 좋은 궁합을 '마리아주'라고 합니다. 각 위스키에도 함께 먹었을 때 특히 잘 어울리는 음식이 있습니다. 예를 들어 버번위스키에는 스테이크가, 피트위스키에는 회나 굴 또는 초밥이, 과일향의 위스키에는 치즈나 초콜릿 등을 마리아주로 꼽고 있습니다.

위스키는 그 밖에 많은 음식과 어울리고 식감을 돋우지만 맥주, 와인, 백주, 소주 등의 다른 술에 비해 음식과 함께 즐기는 경우는 적은 편입니다. 이는 여러 가지 이유가 있겠지만 주로 다른 술에 비해 무겁고 미세한 풍미 때문에 그렇습니다. 그렇다면 오히려 술 자체로 즐기기 가장 좋은 술이 위스키가 아닐까 하는 생각도 합니다. 따라서 식사로 어느 정도 배를 채운 뒤 간단한 안주인 치즈, 육포, 햄, 과일, 초콜릿, 견과류, 채소 등을 조금씩 먹으며 위스키의 풍미를 느끼는 것도 좋을 듯합니다. 물론 좋아하는 음식과 함께하는 것도 아주 좋겠지요. 위스키를 즐기는 방식에 정해진 것은 없으니까요.

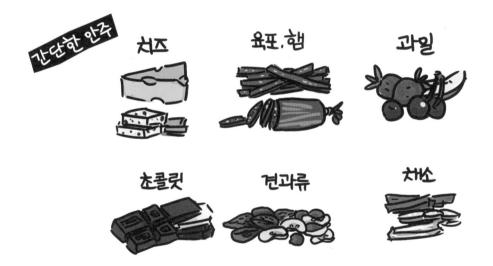

체이서

위스키를 마신 뒤 다른 술을 마시는 경우가 있습니다. 스코틀랜드에서는 맥주, 그중에서 기네스를 많이 마시듯이 말이죠. 언뜻 이상해 보이지만 마셔 보면 상당히 괜찮을 때가 있답니다. 높은 도수에서 오는 거부감을 줄이거나 속도를 조절하고 입안을 행구는 효과 덕분에 위스키를 더욱 쉽게 즐길 수 있게 도와주기도 합니다.

이렇게 술을 마신 뒤 곧바로 먹는 다른 술을 체이서 chaser라고 하며, 술이 아닌 음료를 마시기도 합니다.

가장 많이 알려진 체이서는 맥주, 콜라, 주스, 우유
이며, 보리차나 홍차와 같은 차, 그리고 아이스크
림도 좋아하는 사람들이 많은 체이서입니다.

마운틴듀도 체이서를 위해 만들어진 음료로 알려
져 있습니다. 위스키를 즐기도록 도와주는 친구들
이라 할 수 있겠네요.

맥주　　콜라　　주스　　우유　　차 (보리차)　아이스크림

위스키의 가치

위스키에 반하게 되면 여건이 되는 대
로 여러 위스키를 접하고 싶어집니다.
함께 진열된 여러 위스키를 보면 뿌듯
하기도 하지요. 그러면서 보는 재미도
위스키를 즐기는 방법 중 하나라는 것
을 알게 됩니다. 술과 친구는 오래될
수록 좋다고 하던가요. 여러 위스키,
많은 위스키를 만나게 되면 점점 오래
된 '친구'를 찾게 됩니다.

12년보다 15년 제품을, 15년보다 18년 제품을, 혹은 21년, 25년, 30년 등 고숙성 위스키를 알게 되면서 더욱 깊은 풍미에 빠져들게 됩니다. 비교해서 마셔보니 더욱 그런 듯합니다. 실제로도 보기 힘들고 비싸다는 것을 알고 마시는 위스키가 더 맛난 법입니다.

위스키를 맛볼 때 취향 외의 여러 가지 조건들이 위스키 맛 평가 에 큰 영향을 끼치는데, 희귀성과 가격도 상당한 영향을 주는 조건 중 하나입니다. 새롭고 값비싼 위스키들을 찾게 되지만 그런 위스키는 쉽게 맛보기 어렵습니다.

위스키를 깊이 있게 알게 될수록 일렬로 서 있는 위스키를 바라보는 것이 더 즐거워지기도 합니다. 위스키를 만나는 속도가 떠나보내는 속도를 넘어서게 됩니다. 자기만의 속도로 위스키를 마시거나 수집하게 되고, 그렇게 크고 작게 위스키 마니아가 되어갑니다.

10여 년 전까지 위스키 마니아의 단계가 이 정도까지였다면, 이제 위스키가 투자의 영역까지 이어지고 있습니다. 경매로 풀리는 엄청난 가격의 오래된 위스키들처럼 한때 위스키 투자라는 것은 위스키를 맛보는 일반인들의 영역을 넘어 전문 투자자들의 몫이었습니다. 이제는 판매와 동시에 많은 프리미엄이 붙거나, 복권같이 판매되는 위스키들이 속속 등장하고 있으며 일반인들에게도 소비되고 있습니다.

'오늘 구매한 위스키가 가장 싸다'는 말이 있습니다. 위스키 가격이 2010년부터 2019년까지 평균 15% 정도 인상되었고, 인플레이션을 고려하면 그 반 정도인 8%가량 된다고 합니다. 평균이니 특정 위스키라면 그 차이는 크겠죠. 특히 재패니즈 위스키는 20%가 넘습니다.

위스키 제조사들도 그런 점을 들어 홍보하기도 합니다. 지금 사는 위스키가 투자 면에서도 가장 이득이라고 말이죠. 마시며 즐기던 위스키는 이제 수집을 넘어, 이익 실현의 측면에서도 가치를 높이고 있습니다.

위스키 즐기기

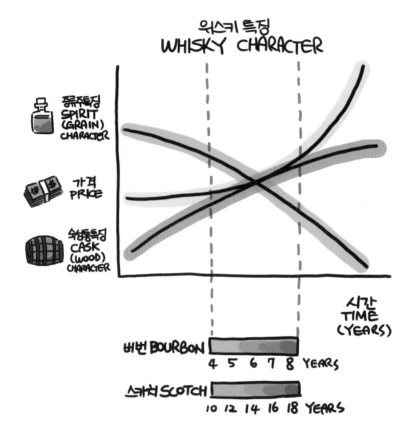

혹시 고숙성의, 높은 가격의 위스키를 만나지 못해 실망하는 분들이 있으신가요? 사실 위스키를 취미로 즐기기에는 비용적으로 부담이 되는 경우가 많습니다. 하지만 위스키를 위스키 자체로만 즐기기 원하는 분들이라면, 생각을 조금만 비틀면 그렇게까지 실망할 필요가 없을지도 모르겠습니다.

위스키 수집을 즐기시는 분들은 어쩔 수 없습니다. 그저 허리띠를 조이는 수밖에는….

분명 고숙성 위스키들은 점점 멀어지고 있습니다. 계속 가격이 높아져가고 있으니까요. 아마 한동안은 그럴 것 같습니다. 반면에 이전보다 다양한 위스키를 만나기 쉬워진 건 분명합니다. 예전에는 생각할 수도 없을 만큼 말이죠.

어찌 보면 가장 중요한 점일 수 있습니다. 위스키 역사상 이렇게 다양한 위스키를 이렇게 손쉽게 만날 수 있었던 때는 없었습니다. 자본주의 시대이므로 무엇이든 가치가 돈으로 매겨지는 점은 어쩔 수 없지만, 조금 반가운 소식은 위스키의 맛과 가격은 서로 비례하지 않는다는 점입니다.

이쯤에서 위스키의 풍미에 대해 잠시 알아볼까요? 위스키는 곡물을 증류한 뒤 통에서 숙성하여 만들어집니다. 위스키를 생산하는 과정이나 위치 등에 따라 그 차이는 크지만, 곡물을 증류해서 생기는 특징은 나무통에서 숙성을 시작하면서부터 감소하며, 나무통에서 숙성하며 생기는 특징은 숙성할수록 증가합니다.

곡물의 특징과 나무통에서 숙성하며 생기는 특징이 적절하게 조화를 이루는 위스키는 대부분 수요가 가장 많은, 흔히 '엔트리급'이라 불리는 위스키입니다. 위스키는 시간이 지날수록 숙성통에서 오는 특징의 변화폭은 감소하는 반면, 가격의 상승폭은 더욱 커지게 됩니다. 엄청나게 말이죠.

그리고 고숙성의 높은 가격은 맛이나 선호도보다 희귀성, 즉 수요 공급의 불균형에서 오는 경우가 많습니다. 근래 재패니즈 위스키와 아메리칸 위스키의 큰 가격 상승도 이런 이유 때문입니다. 참고로 희귀성과 가격이 우리가 느끼는 맛에 미치는 영향이 상당하다는 것은 위스키 맛보기에서도 드러납니다. 조금의 정보도 없이 위스키를 맛보았을 때 정말 웃지 못할 결과가 나올 때가 많으니까요.

위스키의 인기가 높아지면서 수요가 증가하고, 공급은 부족해지면서 가격이 상승하고 있습니다. 이는 위스키 시장의 성장으로도 이어지고 있지요. 닫혔던 증류소들이 다시 문을 열고, 가격이 천차

만별인 수많은 종류의 위스키가 나오는 현재의 추세는 한동안 이어질 듯합니다. 가격은 계속 상승하고 있으나 높은 가격대의 위스키가 늘어나는 만큼 저평가된 가성비 좋은 위스키들도 늘어날 테니 실속 있게 즐기는 입장에서는 나쁘지 않을 수도 있습니다.

반면 개성적인 위스키들이 대접받는 현재의 분위기가 언제까지 이어질지 모르고, 좁아진 세계에 또 어떤 이벤트가 발생할지도 모르는 일이죠. 계속될 듯 보이는 지금의 위스키 전성시대가 언제까지 이어질지, 그 뒤에는 또 위스키의 어떤 시대가 기다리고 있을지 궁금하기도 합니다. 다만 좋은 위스키들이 계속 나와주기를 바랍니다.

미국의 유명한 작가 윌리엄 포크너는 다음과 같은 말을 남겼습니다.

'나쁜 위스키는 없다. 더 좋은 위스키가 있을 뿐이다. There is no such thing as bad whiskey. Some whiskeys just happen to be better than others.'

더 좋은 위스키는 비싼 위스키가 아니라 맛있게 즐기는 위스키겠지요. 결국 위스키를 즐기는 가장 좋은 방법은 맛있게 즐기는 것입니다. 여건에 따라서 말이죠. 지나치지 않게.

그러면 이제 직접 위스키를 만나러 가실까요.

위스키를 즐기기 위한 마지막 단계

잠깐! 위스키를 만나러 가기 전에 다시 한번 생각해볼 것이 있습니다. 적당한 음주는 삶을 윤택하게 만들어줍니다. 그러나! 이쪽에서 보는 천사의 모습이 반대편에서는 악마의 모습을 띠듯이 술도 그런 양면을 가지고 있습니다. 절제되지 않은 음주로 인한 피해는 자신뿐 아니라 주변에도 큰 영향을 끼치게 됩니다.

술로 인한 폐해는 정말 큽니다. 개인적인 건강과 근로에 영향을 미치는 것은 물론, 사회적으로 나쁜 영향을 주지요. 술이라는 것이 관계 속에 자리하고 있는 경우가 많으니까요. 하루 평균 13명이 음주로 인해 사망하고, 교통사고 사망자의 9% 정도가 음주운전에 의한 사망자이며, 우리나라에서 한 해 술로 인한 사회적 비용이 9조 4,000억 원을 넘어 10조 원에 이른다고 합니다.

알코올은 중독 물질이며 1군 발암 물질로 각종 질병과 암 발생의 원인이 되기도 합니다. 우리가 술에 취하는 이유는 알코올이 간에서 알코올 탈수 효소에 의해서 분해되는 과정 중에 '아세트알데하이드'라는 물질이 생성되는데, 이 아세트알데하이드가 음주 후 발생하는 나쁜 작용을 일으키기 때문입니다. 아세트알데하이드는 반응성이 커서 DNA에 붙어 발암 물질을 만들고, 단백질 생성을 방해하며, 여러 물질을 방해해 호흡 마비, 구토, 빈맥, 고혈압 등을 유발합니다.

아세트알데하이드를 분해하는 알코올 탈수 효소의 양과 작동 여부에 따라서 술에 취하거나 반응하는 정도가 달라집니다. 보통 아시아인들이 서양인들보다 좀 더 부족하다고 하죠. 술을 조금만 마셔도 쉽게 취하거나 몸에 좋지 않은 반응이 온다면 이 알코올 탈수 효소가 부족하거나 잘 작동하지 않기 때문일 것입니다.

숙취에 대한 원인은 여러 가지 이유가 복합적으로 작용한다고 보고 있습니다. 아세트알데하이드 때문으로 많이 생각하지만, 숙취가 가장 심할 때는 알코올 농도가 0에 가까울 때인데 이때 아세트알데하이드 수치가 낮다고 합니다. 탈수, 혈당, 젖산 수치 상승 등을 원인으로 지목하기도 하나 확실하게 밝혀지지는 않았습니다.

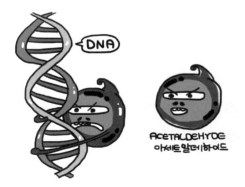

경우에 따라 다르기는 하지만 착향료, 푸르푸랄, 타닌 등의 불순물에 의해 숙취가 더해지며 무엇보다 알코올 농도가 큰 영향을 끼친다고 보고 있습니다. 사람마다 작용하는 현상이 달라질 수 있으니 자신에 맞는 술은 분명 있을 것입니다. 그러나 숙취를 일으키지 않을 정도로 절제해서 마시는 것이 무엇보다 중요하겠죠.

점점 관리되고 규제되는 흡연에 비해 폐해가 더 큰 술은 오히려 규제가 적어지고 낮아지는 감이 있습니다. 무엇보다 술과, 과한 술의 남용에 관대한 사회적 분위기는 개선되어야 할 것으로 생각합니다. 그러기 위해서는 술이 취하기 위한 도구가 아닌, 음식과 인간관계를 위한 하나의 문화로 여겨져야 합니다. 점점 그렇게 되어가리라 희망하며, 음미를 위한 술인 위스키가 이를 도와주기를 바랍니다.

위스키는 멋진 친구지만 결코 얕잡아 볼 놈은 아닙니다. 자만하지 말고 적절한 거리를 찾을 때 좋은 친구가 되어줄 것입니다.

자, 이제 진짜 위스키를 만나러 떠나봅시다.

CHAPTER

02

위스키 역사에
새겨진 사람들

위스키와 함께한 수많은 사람에 의해 만들어진, 짧다면 짧고 길다면 길다고 할 수 있는 위스키의 역사. 그곳에 어떤 이들의 이름이 조금 굵게 새겨져 있고, 새겨지는 중일까요. 위스키와 함께했고 함께하고 있는, 위스키 역사에 새겨진 사람들을 만나보도록 하겠습니다.

AENEAS COFFEY
1780~1852

CHARLES DOIG
1855~1918

■ 아네스 코피

아네스 코피는 아일랜드의 세금 징수원이었습니다. 불법 증류업자들의 과세와 충돌 속에서 증류에 관한 지식이 많았고 자신도 더블린에 증류소를 소유하고 있었습니다. 그는 당시 불안정했던 연속식 증류기를 개량해 효율성을 높여 1930년 특허를 냈습니다. 아네스 코피의 연속식 증류기 Correy Still는 이후 연속식 증류기의 기본적인 모델이 되었고, 효율적인 연속 증류 방식은 위스키를 포함한 모든 증류주에 적극적으로 활용되었습니다. 이 연속식 증류기는 아네스 코피의 나라인 아일랜드에서는 전통 방식에서 벗어난다는 이유로 잘 사용되지 않았고, 스코틀랜드에서 적극 활용되어 블렌디드 위스키를 저렴하게 대량으로 생산하게 하면서 위스키 판매량이나 위상에서 스코틀랜드가 아일랜드를 넘어서는 발판이 되었습니다.

■ 찰스 도이그

찰스 도이그는 여러 증류소를 지었고 '아고라 지붕'이라 불리는 지붕에 환풍 구조의 건축물인 도이그 벤틸레이터를 만든 건축가입니다. 부시밀스, 더프타운, 풀테니, 스페이번, 발블레어 등 스코틀랜드 전역에 56개의 증류소를 설계 및 건축했습니다. 그가 만든 아고라 루프는 실효성과 미적인 면에서 뛰어났으며 곧 증류소의 상징이 되었습니다. 지금은 대부분의 증류소에서 몰팅을 하지 않아 이 시설을 사용하지 않지만, 새로 만들어지는 증류소에서도 아고라 루프를 만드는 게 보편화되었습니다. 아고라 루프는 동양의 탑을 참고로 건축되었다고 합니다.

JOHN (JOHNNIE) WALKER
1805~1857

GEORGE BALLANTINE
1808~1891

■ 존 워커

아마 위스키에 관련된 가장 유명한 이름이 존 워커가 아닐까 생각합니다. 세계적으로 가장 많이 팔리는 위스키가 바로 조니워커입니다. 조니워커 브랜드의 창시자 존 워커는 1820년 스코틀랜드 킬마녹에 잡화점식료품점, 와인판매점을 열었습니다. 당시에는 유명한 블렌디드 위스키의 시작이 잡화점인 경우가 많았습니다. 잡화점에서 여러 곳의 위스키 원액을 팔며 성장했던 것이죠. 이런 시스템은 여러 위기에서 버틸 수 있는 근간이 되기도 했습니다. 존 워커도 그런 잡화점에서 시작했고, 그의 아들 알렉산더 워커가 '조니맨'이라 불리는 마스코트와 사각병을 사용하기 시작했습니다.

■ 조지 밸런타인

조지 밸런타인은 10대부터 에든버러의 잡화점에서 일하기 시작했고 19살에 자신의 잡화점을 시작했습니다. 그는 잡화점의 품목 중에서 와인과 증류주에 주력했습니다. 직접 숙성 위스키와 몰트를 선별하고 위스키를 블렌딩해 판매하기 시작했습니다. 16km 이내에는 무료로 배달해주는 등의 공격적 마케팅으로 급속히 성장하여 19세기 말에는 첫 수출까지 하면서 지금은 세계적으로 유명한 위스키가 되었습니다.

JOHN JAMESON
1740~1823

WILLIAM GRANT
1839~1923

■ 존 제임슨

스코틀랜드 지역의 변호사였던 존 제임슨은 존 헤이그의 딸과 결혼한 뒤 1780년 아일랜드 더블린에 증류소를 설립합니다. 참고로 존 헤이그는 증류업자로, 헤이그 클럽으로도 유명한 디아지오의 설립자DCL 중 한 명입니다. 존 제임스의 증류소는 설립 이후 20여 년 동안 많은 성장을 하면서 세계에서 가장 잘나가는 위스키를 탄생시켰습니다. 존 제임슨은 아들들과 대를 이어 위스키 사업을 이어 나가고 있으며, 아이리시 위스키의 오랜 위기 속에서도 자리를 지키며 아이리시 위스키의 대명사가 되었습니다.

■ 윌리엄 그랜트

1987년 윌리엄 그랜트와 가족이 스코틀랜드 스페이사이드 더프타운에 설립한 글렌피딕 증류소는 지금까지 대를 이어서 가족 경영을 유지하는 몇 안 되는 증류소 중 한 곳으로, 가장 많이 팔리는 싱글몰트 위스키를 생산하고 있습니다. 1892년 설립된 발베니 증류소도 윌리엄 그랜트와 가족이 함께 세운 증류소입니다. 윌리엄 그랜트 앤 선즈는 싱글몰트 위스키가 거의 대부분 블렌디드 위스키 제조에만 사용될 때 처음으로 싱글몰트 위스키를 해외 판매했습니다. 덕분에 싱글몰트 위스키가 지금처럼 자리 잡기까지 기준이 되었고 계속해서 그 지리를 지키고 있습니다.

ANDREW USHER
1826~1898

BESSIE WILLIAMSON
1910~1982

■ 앤드루 어셔 2세

증류사업을 하던 앤드루 어셔는 사업을 하던 그의 아들인 앤드루 어셔 2세와 함께 1940년대 아네스 코피의 연속식 증류기를 사용해서 위스키를 만들며 블렌디드 위스키에 대한 실험을 했습니다. 앤드루 어셔 2세는 1853년 여러 증류소의 몰트위스키를 섞어 '올드 베티드 글렌리벳'이라는 이름의 위스키를 출시했는데, 이는 최초의 블렌디드 몰트Vatting 위스키입니다. 이후 1860년 증류주법으로 그레인 위스키와 섞어 블렌디드 위스키를 만들수 있게 되었고, 좋은 품질의 위스키를 생산해 블렌디드 위스키의 대부로 불렸습니다. 노스 브리티스 증류소를 설립했고 지역 사회를 개선 및 발전시키며 많은 유산을 남겼습니다.

■ 베시 윌리엄슨

베시 윌리엄슨은 스코틀랜드에서 증류소를 경영한 최초의 여성입니다. 1934년 이안 헌터가 운영하고 있던 라프로익에서 사원으로 일을 시작했고, 1954년 이안 헌터의 사후에 증류소를 물려받아 경영 책임자가 되었습니다. 대부분 블렌디드 위스키에 피트위스키인 라프로익을 사용했는데, 싱글몰트 위스키 수요 증가를 예측하고 이에 따른 대비를 한 덕분에 라프로익은 윌리엄슨의 손에서 미국 시장 진출을 발판으로 많은 성장을 했습니다. 윌리엄슨은 자본화 및 현대화되는 아일레이에서 일자리 창출을 위해 노력했고 은퇴할 때까지 직원 고용을 위해 애썼습니다.

HIRAM WALKER
1816~1899

SAMUEL BRONFMAN
1889~1971

■ 하이람 워커

하이람 워커는 현재 페르노리카 소유인 캐나다의 하이람 워커 증류소의 설립자입니다. 미국 디트로이트에서 식료품, 곡물 및 주류 사업을 했고, 캐나다 온타리오에 하이람 워커 앤 선즈 증류소를 설립한 뒤, '하이람 워커 클럽 위스키'라는 이름으로 위스키를 판매했습니다. 이 위스키가 유명한 캐나디안 클럽 위스키입니다. 캐나디안 클럽은 캐나다에서 가장 많이 팔리던 위스키였으며, 증류소 인근은 하이람 워커로 인해 하나의 도시로 성장했습니다.

■ 사무엘 브론프먼

몰도바 출신의 캐나다 이민자 사무엘 브론프먼은 시그램 증류소를 인수하고 세계적인 기업으로 키워낸 인물입니다. 어릴 때부터 술에 관심이 많았던 브론프먼은 1900년대 초, 금주 운동으로 주류 판매가 힘들었던 캐나다에서 동생과 함께 우편과 의약품으로 술을 판매했으며, 미국의 금주법이 시행되고 난 뒤 그의 회사는 미국과 캐나다에서 가장 큰 증류주 회사가 되었습니다. 시그램은 가족 경영으로 계속해서 몸집을 불리며 성장하다가 2000년 엔터테인먼트 사업에 실패한 이후 분할 매각되어 사라졌습니다.

JASPER NEWTON JACK DANIEL
1849~1911

GEORGE GARVIN BROWN
1846~1901

■ 잭 대니얼

아메리칸 위스키를 대표하는 인물 중 가장 유명한 제스퍼 뉴턴 잭 대니얼은 테네시의 링컨 카운티에서 태어났습니다. 그는 14살에 증류기를 구매하여 첫 증류를 시작한 뒤 1911년 사망할 때까지 결혼도 하지 않았고 자식도 남기지 않아 그의 조카가 그 업을 물려받게 되었습니다. 사무실 금고의 비밀번호가 생각나지 않자 화가 나 금고를 걷어찼고 그때 입은 상처로 사망했다는 그의 죽음에 관한 이야기와 함께 증류소 넘버, 사귀었던 여성의 수, 단순히 그가 좋아했던 숫자라는 등의 확실하지 않은 위스키 병에 새겨진 숫자 7에 관한 여러 가지 이야기는 잭 대니얼의 유명세를 더 높였습니다.

■ 조지 브라운

켄터키주 루이빌의 제약 판매원이었던 조지 가빈 브라운은 1870년대 위스키 사업을 시작하며 배럴에 담겨 판매되던 버번을 직접 구매해 미국 최초로 병에 넣어 판매했습니다. 유명 의사였던 포레스터의 이름을 따서 올드 포레스터 Old Forester 라는 이름의 버번을 만들었고, 품질 보증과 자신감의 의미로 모든 병에 서명을 했습니다. 1890년 브라운 포맨을 설립했으며, 함께 설립했던 파트너 조지 포맨이 죽은 뒤 그의 주식을 모두 매입했습니다. 현재는 조지 브라운의 자손이 대를 이어 회사를 운영하며 잭 대니얼, 우드포드 리저브 등을 소유한 거대 주류 기업으로 성장하게 되었습니다.

TORII SHINJIRO
1879~1962

MASATAKA TAKETSURU
1894~1962

■ 토리이 신지로

재패니즈 위스키의 두 아버지 중 한 명으로 불리는 토리이 신지로는 '토리이'라는 이름의 잡화점을 열어 주류를 판매하기 시작했습니다. 아카다마적옥라는 이름의 포트 와인의 성공으로 자신의 이름 토리이에 선sun을 붙여 기업 산토리를 만들었고 산토리는 현재 위스키 3대 그룹으로 성장했습니다. 1923년 토리이 신지로는 스코틀랜드에서 유학하고 돌아온 타케츠루 마사타카에게 함께 증류소를 설립할 것을 제안했고, 일본 첫 증류소인 야마자키 증류소를 설립했습니다.

■ 타케츠루 마사타카

무려 100여 년 전 위스키의 본고장 스코틀랜드의 대학에서 유학하고 토리이 신지로와 야마자키 증류소를 세운 타케츠루 마사타카는 재패니즈 위스키의 아버지로 불리는 또 한 사람입니다. 산토리를 나와 니카 증류소를 설립했고 그가 설립을 주도한 산토리와 니카는 재패니즈 위스키의 양대 산맥이 되었습니다. 유학, 외국인과의 결혼, 증류소 설립, 토리이 신지로와의 결별 후 자신의 증류소 설립 등 매력적인 그의 이야기는 책과 드라마로 소개되어 인기를 끌며 재패니즈 위스키의 몸값을 더욱 올리는 데 기여했습니다.

JAMES BEAUREGARD BEAM
1864 ~ 1947

PAKER BEAM
1943~2017

■ 제임스 보레가드 빔

아메리칸 위스키의 원투 펀치인 잭 대니얼의 다음 펀치라 할 수 있는 짐 빔은 제임스 빔의 이름에서 가져온 것으로 제임스 빔은 창업자의 증손자입니다. 그는 아버지로부터 올드 터브 증류소를 물려받았다가 금주법 시대에는 다른 사업을 했으나 실패하고 금주법이 폐지되자 그의 이름으로 위스키를 판매하며 다시 회사를 발전시켰습니다. 현재 7대째 가업을 이어 내려오고 있으며, 짐 빔 증류소는 산토리의 자회사가 되었습니다.

■ 파커 빔

파커 빔은 짐 빔 증류소의 6대 디스틸러이자 제임스 빔의 동생인 파크 빔의 손자로 부커 노의 사촌이기도 합니다. 1960년부터 헤븐힐에서 일하며 그의 아버지인 얼 빔에게서 증류 기술을 배웠고, 1975년 마스터 디스틸러가 되었습니다. 파커 빔은 스몰배치 엘라이져 크레이그와 싱글배럴 에번 윌리엄스를 만들어 선보였습니다. 버번위스키의 살아 있는 전설 지미 러셀과도 좋은 친구 사이였습니다.

E. H. TAYLOR JR.
1830 ~ 1923

GEORGE T. STAGS
1835 ~ 1893

■ 에드먼드 헤인즈 테일러 주니어

현대 버번 산업의 아버지라 불리는 에드먼드 헤인즈 테일러 주니어는 1869년 리스타운 증류소를 구매해 O.F.C. Old Fashiond Copper 증류소를 설립했습니다. 증류소는 구리 발효조와 연속식 증류기, 효율적인 매시빌, 증기 가열 장치 등 현대화된 건물과 장비 그리고 효율적인 방법을 사용해 버번위스키 산업을 발전시켰습니다. 그는 또한 정치인으로서 정치적으로도 버번위스키의 발전을 위해 힘썼습니다.

■ 조지 T. 스태그

조지 T. 스태그는 미국 남북전쟁 중 연합군 대위였으며 전쟁 후 위스키 판매업을 시작했습니다. 그는 O.F.C. 증류소의 위스키를 구매하며 테일러 주니어 대령과 교류를 시작했습니다. 경영난에 빠지게 된 O.F.C. 증류소를 인수해 당시 명성이 높던 테일러 주니어와 계속해서 함께 일하며 증류소를 늘려나갔습니다. 조지 T. 스태그 사후 몇 년 뒤 증류소 이름이 그의 이름으로 변경되었습니다.

ALBERT BLANTON
1881 ~ 1959

ELMER T. LEE
1919 ~ 2013

■ 알버트 블랑톤

조지 T. 스태그 증류소 인근에 살던 알버트 블랑톤은 16살부터 증류소에서 일하기 시작했습니다. 1921년, 40세가 되던 해에 사장으로 승진한 뒤 급감 및 쇠락하는 산업 환경에서 살아남기 위해 힘쓰게 됩니다. 금주법이 시행되었지만 위스키를 의약품으로 생산하는 건 가능했기에 증류소를 이어나갈 수 있었습니다. 그는 큰 홍수 중에도 피해를 최소화하여 증류소를 지켰고, 14개였던 건물이 114개의 건물로 늘어날 만큼 발전시켰습니다.

■ 엘머 T. 리

엘머 T. 리는 1919년 미국 켄터키주 프랭클린 카운티의 피크스 밀에서 태어났습니다. 켄터키 대학에 들어갔으나 제2차 세계 대전이 발발해 전쟁에 참여했습니다. 공학 공부를 했던 그는 1949년부터 조지 T. 스태그 증류소에서 엔지니어로 일했고, 1981년 마스터 디스틸러가 되었습니다. 1984년 블랑톤을 기리며 같은 이름을 붙인 최초의 싱글배럴 버번위스키를 만들었으며, 1985년 은퇴한 뒤에도 계속해서 증류소 발전에 기여했고, 은퇴 후 그의 이름을 기리는 싱글배럴 위스키가 출시되었습니다.

WILLIAM LARUE WELLER
1825~1899

PAPPY VAN WINKLE
1874~1965

■ 윌리엄 라루 웰러

윌리엄 라루 웰러는 멕시코·미국 전쟁에 참전했는데 전쟁이 끝난 후 그의 동생과 미국 루이빌 제퍼슨의 거리에서 '윌리엄 라루 웰러 앤 브라덜'이라는 상표와 '정직한 가격의 정직한 위스키'라는 문구를 걸고 위스키를 판매했습니다. 할아버지 대부터 대를 이어 증류를 해왔으니 위스키 도매업과 증류업은 자연스러운 것이었습니다. 그들은 호밀 대신 밀을 사용하는 부드러운 버번위스키를 만들었습니다. '윌리엄 라루 웰러 앤 선즈'로 이름을 바꾸고 사업을 계속 성장시켰고, 윌리엄 라루 웰러는 아주 유명한 위스키 브랜드가 되었습니다.

■ 줄리안 패피 반 윙클

줄리안 패피 반 윙클은 윌리엄 라루 웰러의 판매원으로 일하기 시작했습니다. 윌리엄 라루 웰러의 사후 그는 동료와 함께 스티젤 증류소를 인수했는데, 윌리엄 라루 웰러의 위스키를 생산하던 증류소였습니다. 1935년 두 곳은 합병을 통해 스티젤 웰러 증류소로 설립되었고, 증류소는 밀을 사용한 부드러운 버번위스키로 유명해졌습니다. 패피 반 윙클은 "우리는 좋은 위스키를 만든다. 할 수 있다면 이익을 내고, 이익을 낼 수 없어도 좋은 위스키를 만든다"는 모토로 위스키를 만들었다고 합니다. 스티젤 웰러 증류소는 이후 조지 T. 스태그 증류소에 매각되었고, 조지 T. 스태그 증류소가 버팔로 트레이스로 이름이 바뀔 때 문을 닫았다가 2014년 디아지오에 매각되어 다시 문을 열게 됩니다.

FREDERICK BOOKER NOE
1929~2004

FRED BOOKER NOE

■ 프레드릭 부커 노

프레드릭 부커 노는 1987년 '부커스'라는 버번위스키를 만들었으며, 짐 빔 증류소의 6세대 디스틸러였습니다. 그는 제임스 빔의 외손자입니다. 빔 가문의 다른 사람들처럼 10대부터 증류소에서 일했고 결국 짐 빔 위스키의 병에 그의 이름이 새겨졌습니다. 그가 마스터 디스틸러가 된 이후 생산량은 엄청나게 증가했습니다. 1987년 프리미엄 버번위스키인 부커스를 만들었으며, 스몰배치 컬렉션인 놉크릭, 베이커스, 베이질 헤이든도 그의 손에서 탄생했습니다.

■ 프레드 부커 노

프레드 노는 제임스 빔의 증손자 부커 노의 아들이며, 짐 빔 증류소의 7대 마스터 디스틸러입니다. 빔 가문의 자손들처럼 자연스럽게 위스키 쪽의 일을 하게 되었습니다. 아버지 밑에서 위스키 생산에 관한 모든 것을 배웠고 현재까지 40년에 가까운 세월을 증류소에서 보내고 있습니다. 프레드 노는 아버지 부커 노가 만든 스몰배치 버번 컬렉션을 알리고 성장시키고 있습니다. 그의 아들 프레디 노 역시 그의 가르침을 받으며 증류소에서 함께 일하고 있습니다.

JIMMY RUSSELL

EDDIE RUSSELL

■ 지미 러셀

지미 러셀은 집 인근의 증류소인 와일드 터키 증류소에 들어가 바닥을 닦는 일로 시작해 60년이 넘도록 같은 증류소에 몸담고 있습니다. 위스키를 제조하며 버번위스키계의 살아 있는 전설 혹은 버번의 부처로 불리고 있습니다. 오랜 세월 와일드 터키의 위스키를 만들고 알렸으며, 대를 이어 마스터 디스틸러가 된 그의 아들과 함께 그들의 이름으로 위스키 러셀을 만들었습니다.

■ 에디 러셀

지미 러셀의 세 아들 중 막내로 아버지의 대를 이어 와일드 터키 증류소의 마스터 디스틸러가 되었습니다. 에디 러셀도 1981년부터 증류소에서 일을 했다고 하니 이제 40년이 되었습니다. 2010년에는 켄터키 명예의 전당에 이름을 올렸습니다. 그도 아버지처럼 와일드 터키의 위스키를 만들고 알리는 일을 함께하고 있습니다. 와일드 터키 81이 에디 러셀의 손에서 만들어졌습니다.

BILLY WALKER

RACHEL BARRIE

■ 빌리 워커

현재 가장 크게 눈길을 끄는 마스터 디스틸러 또는 위스키 생산자가 있다면 바로 빌리 워커입니다. 눈에 띄지 않았던 벤리악 증류소를 인수하고 이름을 알린 뒤 매각했습니다. 그리고 다시 알려지지 않은 증류소인 글렌알라키를 인수하고 위스키를 출시해 깜짝 놀랄 만큼 좋은 반응을 얻고 있습니다. 위스키의 풍미는 결국 오크통에 관한 것으로 초점이 맞춰지는데, 오크통에 대한 이해와 관리는 물론 다른 위스키 특성과의 조율 등에서 뛰어난 능력을 가지고 있습니다.

■ 레이첼 베리

첫 여성 마스터 블렌더로 알려진 레이첼 베리는 짐스완의 연구원으로 시작해 글렌모렌지, 아드벡, 보모어 등에서 일했고 지금은 브라운 포맨의 마스터 블렌더입니다. 브라운 포맨의 벤리악 증류소 인수로 빌리 워커가 생산했던 위스키를 뒤이어 생산했으며, 과거의 것이 기억에 남는 위스키의 자연스러운 속성에도 나쁘지 않은 결과를 내며 이름을 알리고 있습니다.

RICHARD PATERSON

DAVID STEWART

■ 리처드 패터슨

1970년부터 화이트 앤 맥케이에서 일하며 여러 위스키를 생산한 리처드 패터슨은 별명이 코 The Nose 일 정도로 뛰어난 후각과 미각으로 블렌딩을 강조한 마스터 블렌더입니다. 유리잔의 내용물을 뒤로 던지는 재미난 동작으로도 유명합니다. 50년이 넘는 경력으로 달모어를 지금의 위치에 올려놓았고 지금까지 계속 관리하며 달모어 생산에 집중하고 있다. 최근 새로운 증류소인 울프크레이그 증류소 설립에 참여하고 있습니다.

■ 데이비드 스튜어트

데이비드 스튜어트는 윌리엄 그랜트 앤 선즈에서 1962년부터 일했으며, 글렌피딕의 최고 몰트 마스터로 잘 알려져 있습니다. 피니싱 개념을 도입한 발베니 더블우드와 셰리 와인의 솔레라 시스템을 도입한 글렌피딕 15년 솔레라 리저브가 그의 손에서 태어났습니다. 그는 마스터 블렌더로 그랜트의 제품들을 만들었으며, 지금은 발베니 증류소에서 몰트 마스터로 조언을 해주고 있습니다.

JIM MCEWAN

DR JAMES BEVERIDGE

■ 짐 맥이완

짐 맥이완은 아일레이의 보모어 증류소에서 쿠퍼 견습생으로 시작해 증류소 매니저가 될 때까지 38년을 함께했습니다. 보모어를 나와 2001년부터 브룩라디의 마스터 디스틸러로 옥토모어, 포트샬롯 등 브룩라디의 위스키들을 생산하며 브룩라디가 성공적으로 다시 일어서는 것을 도왔습니다. 그는 위스키 업계에서 일한 지 52년이 된 2015년에 은퇴한 뒤, 아일레이의 9번째 증류소인 아드나호 디스틸러리의 위스키 생산을 돕고 있습니다.

■ 제임스 베버리지

제임스 베버리지는 40년이 넘도록 조니워커에서 일하고 있으며, 화학자로서 위스키의 풍미를 연구하다가 조니워커의 6번째 마스터 블렌더가 되었습니다. 과학과 예술의 조화, 진보된 기술과 본능의 조화를 통해 좀 더 좋은 결과를 추구하고 있습니다. 현재는 마스터 블렌더로 12명의 블렌딩팀을 이끌며 조니워커 위스키를 생산하고 있습니다. 제임스 베버리지는 좋은 역량은 자신과 함께하는 팀에게서 나온다는 것을 늘 강조하고 있습니다.

JIM SWAN
1941 ~ 2017

IAN CHAN

■ 짐 스완

대만의 재벌사에서 위스키를 만들기 시작할 때 그 밑그림을 그려준 이가 바로 짐 스완입니다. 20년도 되지 않은 신생 증류소 카발란이 단순히 성공을 넘어, 이토록 유명한 증류소가 될 수 있었던 것은 그가 있었기 때문입니다. 짐 스완은 위스키 컨설턴트로서 멘토가 되어 여러 나라의 위스키 증류소에 조언하며 위스키 생산을 도왔고, 특히 오크통의 중요성을 강조하며 오크통과 풍미에 관한 많은 연구를 통해 지역 기후의 단점을 장점으로 살리는 놀라운 결과를 이끌었습니다. 위스키 풍미표를 처음 만들었으며 캐스크를 깎고, 굽고, 태우는 과정을 거쳐 풍미를 더하는 STR Shaved, Toasted, Recharred 을 고안했습니다.

■ 이안 창

위스키 기업의 열정을 가진 재벌 기업가와 밑그림을 그려주는 짐 스완만으로 카발란이 완성될 수 없었습니다. 그의 가르침을 받아 직접 증류하며 위스키를 만들 대만인이 필요했고, 증류 경험이 없었지만 운 좋게 그 자리에 있었던 이가 바로 이안 창이었습니다. 2005년에 증류를 시작했으니 짧다면 짧은 역사를 가진 카발란 증류소처럼 결코 길지 않은 경력을 가진 이안 창이지만, 여러 편견과 한계를 넘어 세계를 깜짝 놀라게 한 아주 찐한 경험을 함께 이뤄낸 디스틸러가 되었습니다.

MICHAEL JACKSON
1942 ~ 2007

JIM MURRAY

■ 마이클 잭슨

마이클 잭슨은 맥주와 위스키 평론가입니다. 그의 책과 방송은 맥주와 위스키 산업의 발전에 상당한 영향을 끼쳤으며, 지금까지 견줄 사람이 없는 맥주 및 위스키계의 전설적인 작가로 기억되고 있습니다. 파킨슨병을 앓았지만 세상을 떠나기 전까지 계속해서 글을 썼던 것으로 알려졌으며, 그의 생일인 3월 27일을 '세계 위스키의 날'로 기념하고 있습니다.

■ 짐 머레이

짐 머레이는 현재 위스키 업계에 커다란 영향을 끼치는 위스키 작가이자 평론가로, 해마다 《위스키 바이블》을 발매해 평점을 매기며 그해의 위스키를 꼽고 있습니다. 그에게 선정된 위스키는 때때로 품귀 현상이 일어날 정도로 인기를 얻는데, 공산품처럼 찍어낼 수 없는 위스키 특성상 그런 일들이 자주 일어나고 있습니다.

위스키 용어 사전

위스키를 만나다 보면 알 수 없는 위스키 용어들을 많이 접하게 됩니다.

위스키 용어 사전에는 위스키에 관련된 용어와 뜻을 부담 없이 간략하게 풀어놓았습니다. 책에 소개하지 않았던 용어나 위스키를 만나며 궁금했던 위스키 관련 용어를 간략하게나마 이해하는 데 도움이 되기를 바랍니다.

ㄱ

가마 Kiln 전통 플로어 몰팅에 사용하는 가마로, 발아를 멈추기 위해 석탄 등으로 열을 내는 장치.

강화 와인(주정강화 와인) Fortified Wine 와인에 주정을 담아 도수를 높여 오랫동안 보관 및 이동하기 쉽게 만든 와인. 셰리, 포트, 마데이라 등이 있으며 이런 와인을 이동(보관) 시에 사용했던 오크통을 위스키 숙성에 사용.

게이저 Gauger 소비세 징수원(Exciseman)의 옛말.

경수 Hard Water 무기물(미네랄) 함량이 높은 물.

골든 프라미스 Golden Promise 과거 1970년대 90% 정도까지 시장을 점유했던 유명한 보리종.

구리 Copper 황 화합물을 흡수하기 때문에 전통적으로 증류기에 많이 사용.

그리스트 Grist 분쇄한 곡물.

ㄴ

나이트 캡 Night Cap 자기 전에 마시는 술.

넥푸어 Neck Pour 병의 목 부분에 담긴 위스키로 새 위스키병을 개봉해서 처음 마시는 것을 말함. 보통 처음 마시는 위스키는 개봉 후 공기와 접한 위스키에 비해 풍미가 덜하다는 설과 그에 따른 논쟁이 있음.

노징 Nosing 마시기 전에 향을 느끼는 행위.

녹 맥아 Green Malt 건조하기 전의 맥아.

뉴 메이크 New Make 숙성하지 않은 증류액(스피릿, 화이트 독, Clearic).

니트 Neat 위스키를 물이나 얼음 등 다른 것과 희석하지 않고 마시는 것.

ㄷ

당화 과정 Mashing 곡물을 전분에서 당으로 변화시키는 과정.

더니지 Dunnage 흙, 벽돌 등으로 만든 전통 방식의 숙성창고.

더블러 Doubler 아메리칸 위스키에서 2차 증류 시 사용하는 여러 형태의 증류기.

더스티 헌터 Dusty Hunter 소매점에서 오래된 술(아메리칸 위스키)을 찾는 사람들.

독립병입 Independent Bottling 자사의 증류소 없이 다른 증류소 원액을 숙성 및 혼합해 자신들의 브랜드로 판매하는 것.

드라이 Dry 풍미에 관한 용어로 '달지 않은 맛'을 뜻함.

드래프 Draff 맥아즙을 거르고 남은 찌꺼기(술지게미). 가축 사료로 사용.

드램 Dram 정해진 양이 없는 적은 양(한 모금, 한 잔)의 술. 과거 의약품 측정 단위.

드럼 Drum 650L 정도 크기의 숙성통으로 주로 마데이라 와인에 사용.

드럼 몰팅 Drum Malting 큰 드럼에 맥아를 넣고 몰팅하는 현대 몰팅 방식.

ㄹ

라우터링 Lautering 당화 시 당화액(맥아즙)과 잔여물을 거르는 과정.

럼마거 Rummager 과거 직화로 증류기를 가열할 때 바닥에 눌어붙지 않게 휘젓는 증류기 내 기구.

레그 Legs 유리잔에 위스키를 굴릴 때 잔의 벽에 흐르는 것. 정도를 따라 질감을 추측함.

로 와인 Low Wine 1차 증류한 증류액.

로 위스키 Raw whisky 갓 증류하여 숙성하기 전의 증류액.

로랜드 Lowland 스카치위스키 대표 생산지 중 한 곳으로 잉글랜드와 가까운 지역.

로몬드 스틸 Lomond Still 단식 증류기 머리에 콘덴서를 장착한 일종의 혼합 증류기.

로스티드 몰트 Roasted Malt 맥주 양조처럼 태워 풍미를 입힌 맥아.

리 래킹 Re Racking 숙성하던 위스키를 다른 통에 옮겨 담는 것.

리주버네이션(재사용) Rejuvenation 사용했던 숙성통 안을 깎아 다시 사용하는 방법.

리필 캐스크 Refill Cask 스카치위스키에서 두 번째 혹은 그 이상 재사용하는 숙성통.

릭하우스 Rick House 위스키 숙성통을 선반에 높게 쌓아 보관 및 숙성하는 창고(랙하우스, Rack house).

ㅁ

마스터 디스틸러 Master Distiller 증류 및 증류소 책임자.

마스터 블렌더 Master Blender 위스키 혼합, 제품 상태 유지 등을 책임지는 최종 위스키 생산 책임자.

매링 Marrying 2개 이상의 캐스크에서 숙성된 위스키를 병입하기 전, 통에 넣어 혼합하고 짧게 숙성해 고르게 하는 과정.

매시 Mash 분쇄되어 물에 담겨 당화된 곡물. 맥아즙.

매시 빌 Mash Bill 증류에 사용되는 곡물의 배합 비율.

매시 턴 Mash Tun 당화하기 위해 곡물을 담은 통(당화조, Mash Tub).

맥아 Malt 싹이 튼(발아) 상태의 보리. 당화 효소를 함유하고 있어 곡물의 녹말을 당분으로 바꾸는 중요한 작용을 함.

몽키숄더 Monkey Shoulder 몰트맨을 지칭. 몰팅 과정에서 보리를 뒤집는 노동자들의 굽은 어깨에서 유래된 말로 고된 작업을 표현(몽키럼, Monkey lump).

문샤인 Moonsine 과거 밀주를 뜻하는 말로(몰래 달빛을 받으며 증류했다는 의미) 지금은 숙성하지 않은 투명 상태의 위스키를 뜻함.

미들 컷 Middle Cut 증류 시 사용 가능한 중간 부분(중류, Heart).

미즈와리 Mizuwari 위스키에 물을 넣어 마시는 일본의 음용 방법.

ㅂ

발아 Germination 곡물이 싹을 틔우는 것.

발효 Fermentation 당화된 곡물을 효모가 분해해 알코올을 생성하는 과정.

밤 Barm 효모, 발효액의 거품.

배럴 Barrel 위스키를 숙성하는 데 사용하는 나무통. 미국에서 주로 사용하는 단어.

배럴 프루프 Barrel Proof 물에 희석하지 않고 병입한 위스키. 아메리칸 위스키 용어(Cask strengh).

배치 Batch 한 번에 생산되는 양.

배티드 몰트 Vatted Malt 블렌디드 몰트와 같은 의미. 퓨어몰트와 같이 스카치위스키에서는 표기하지 못함.

배팅 Vatting 여러 캐스크의 위스키를 한 통에 넣어 혼합(Blending)하는 과정.

백세트 Backset 아메리칸 위스키에서 증류 후 남은 잔여물을 다시 당화조(매시턴)와 발효제(워시백)에 추가하는 것.

밸런스 Balance 풍미에 관한 용어로 사용될 때는 균형 잡힌 풍미를 뜻함.

버 오크 Burr/Bur Oak 북미와 캐나다 일부에 분포된 참나무.

버번 배럴 Bourbon Barrel 버번위스키를 숙성했던 통.

버번위스키 Bourbon Whiskey 옥수수 51% 이상 사용과 오크통에서 2년 이상 숙성 등 정해진 규정에 따라 미국에서 생산된 위스키.

버진 오크 Virgin Oak(New Oak) 숙성에 사용하지 않은 새 오크통.

버트 Butt 숙성통의 종류로 약 500L의 용량을 가지며 주로 셰리 와인을 운반하는 데 사용.

베어 보리 Bere Barley 영국에서 가장 오래된 곡물로 추측되는 여섯줄보리. 스코틀랜드 북부에서 주로 재배.

보데가 Bodega 셰리 와인을 만들고 숙성하는 창고.

보리 Barley 위스키를 만드는 데 사용하는 주요 곡물.

보틀 인 본드 Bottled in Bond 51% 이상 옥수수를 사용한 아메리칸 위스키로 80% 이하 증류, 62.5% 이하로 태운 새 오크통에 4년 이상 보세창고에서 숙성한 위스키. 과거 위스키 품질을 보장하기 위해 시행함.

보티 Bothie 스코틀랜드의 작은 창고. 과거 안에서 불법 증류 등을 했음.

본드 Bond 소비세가 부과될 때까지 보관하는 위스키 창고.

볼 오브 몰트 Ball of Malt 한 잔의 (아이리시) 위스키.

부즈 Booze 술 또는 술을 (많이) 마시는 것. 어원은 '부즈'라는 위스키 업자의 이름. 또는 '마을', '불룩한' 뜻의 독일어, '과도하게 마시다'라는 네덜란드어 등 여러 가지 설이 있으나 정확하지는 않음.

블렌디드 그레인위스키 Blended Grain Whisky 2곳 이상의 증류소에서 생산한 그레인위스키를 혼합한 위스키.

블렌디드 몰트위스키 Blended Malt Whisky 최소 2곳 이상의 증류소에서 생산된 몰트위스키를 혼합한 위스키.

블렌디드 위스키 Blended Whisky 하나 또는 그 이상의 싱글몰트 위스키와, 하나 또는 그 이상의 싱글몰트 그레인위스키를 혼합해서 만든 위스키.

비어 Beer 곡물을 발효해 알코올을 포함한 상태의 발효액(워시, Wash).

비증류 생산자 NDP; Non Distiller Producer 직접 증류하지 않고 위스키를 구매해 자신의 브랜드로 판매하는 판매자.

빈티지 위스키 Vintage Whisky 증류한 연도를 표기한 위스키.

ㅅ

사워 매시 Sour Mash 아메리칸 위스키에서 증류한 뒤 남은 잔여물을 당화조에 첨가하여 세균 감염을 막고 균일함에 도움을 주는 과정.

사일런트 시즌 Silent Season 연중 증류를 멈추는 기간.

산출량 Yield 1,000L당 맥아 1t을 기준으로 얻은 순수 알코올의 양.

산화 Oxidation 숙성통 안의 위스키가 산소와 접촉 변화를 일으키는 과정. 이 과정에서 여러 풍미가 생겨남.

살라딘 박스 Saladin Box 수조처럼 지어졌으며 막대 등의 도구로 보리를 뒤집으며 보리를 발아하는 공간.

섬퍼 Thumper 아메리칸 위스키에서 2차 증류 시 사용하는 증류기 중 하나. 쿵쾅거리는 소리가 나는 증류기.

셰리 밤 Sherry Bomb 셰리 풍미가 아주 강한 위스키.

셰리 와인 Sherry Wine 스페인 남부의 헤레스(Jerez, Xerez) 지역에서 생산되는 와인. 셰리(Sherry)는 헤레스의 영어식 이름.

셸 앤 튜브 Shell and Tube 콘덴서 Shell and Tube 원통 다관식 응축기. 현재 알코올 증기를 응축할 때 대부분 사용하는 응축기.

소스드 위스키 Sourced Whiskey 증류소에서 위스키 원액을 구매해 자신의 브랜드로 만드는 위스키.

솔레라 Solera 캐스크를 쌓아두고 연결한 뒤 술을 섞는 방식. 보통 셰리나 마데이라 와인에 사용되는 방식으로 연결된 캐스크에서 숙성된 와인을 빼내고 새로운 와인을 주입해 자연스럽게 섞이게 함.

숙성 Maturation, Ageing 오크통에서 위스키를 숙성하는 과정.

숙성 연수 미표기 NAS; No Age Statement 숙성된 연수를 정확히 표기하지 않는 제품.

스모크 몰트 Smoked Malt 피트 외의 재료로 말려 연기가 입혀진 맥아.

스몰 배치 Small Batch 위스키를 적은 양 생산하는 것. 법적으로 정해진 것은 없음.

스위트 매시 Sweet Mash 사워 매시를 사용하지 않는 매시(아메리칸 위스키 용어).

스카치위스키 Scotch Whisky 정해진 규정에 따라 스코틀랜드에서 생산된 위스키.

스카치위스키 생산지 스카치위스키의 생산지인 스코틀랜드는 생산 지역에 따라 하이랜드, 로랜드, 스페이사이드, 아일레이, 캠벨타운으로 구분됨.

스트레이트 위스키 Straight Whiskey 아메리칸 위스키로, 80% 이하로 증류 병입 시 62.5%를 초과하지 않고 태운 새 오크통에서 2년 이상 숙성함.

스페이사이드 Speyside 스카치위스키 대표 생산지 중 한 곳. 스페이강 인근 지역으로 하이랜드 지역 안에서 좀 더 세분화된 지역.

스펜트 리스 Spent Lees 2차 증류한 뒤 남은 잔여물.

스프링뱅크 증류소 Spring Bank Distillery 1828년 설립된 이후 5대째 미첼 가문이 경영하고 있으며, 스코틀랜드에서 몰팅부터 병입까지 자체 생산하는 단 하나의 증류소.

스피릿 Spirit 증류를 마치고 숙성하기 전의 투명한 증류액으로 '뉴 메이크', '화이트 독'이라 부르기도 함.

스피릿 리시버 (Intermediate) Spirit Receiver 증류 시 좋은 품질의(Heart) 증류액을 받은 통 또는 저장고.

스피릿 세이프 Spirit Safe 증류액을 제어하는 장치. 과거 세금 부과하는 데 사용.

스피릿 스틸 Spirit Still 2차 (재)증류 시 사용하는 증류기.

스피릿 시프 Spirit Thief 숙성통에서 위스키를 뽑는 데 사용하는 도구(Vallinch).

스피릿 컷 Spirit Cut 증류 시 생성되는 위스키 원액을 도수 등으로 구분해 나누는 과정.

싱글 배럴 Single Barrel Whisky 한 숙성통(배럴)에서 숙성한 위스키.

싱글 캐스크 Single Cask Whisky 한 숙성통(캐스크)에서 숙성한 위스키.

싱글그레인 위스키 Single Grain Whisky 한 증류소에서 곡물을 사용해 생산한 위스키.

싱글몰트 위스키 Single Malt Whisky 한 증류소에서 맥아를 사용해 생산한 위스키.

ㅇ

아로마 Aroma 위스키의 향.

아메리칸 오크 American Oak 미국에 분포된 참나무로 위스키 숙성에 가장 많이 사용되는 종(화이트 오크, 알바 참나무).

아메리칸 위스키 American Whisky 정해진 규정에 따라 미국에서 생산된 위스키.

아밀라아제 Amylase 전분을 당으로 전화하는 효소.

아이리시 위스키 Irish Whisky 정해진 규정에 따라 아일랜드에서 생산된 위스키.

아이언 드럼 Iron Dram 높은 도수의 위스키.

아일레이 Islay 스카치위스키 대표 생산지 중 한 곳으로 아일레이섬 지역.

알코올 도수 ABV: Alcohol By Volume 알코올 도수, 알코올 함량. 술 전체 함량에 알코올 포함 정도를 의미. 기호는 %로 표기(20℃에서 100mL당 몇 밀리리터가 포함되었는지로 확인).

알코올 부즈 Alcohol Boose 강한 알코올(향, 느낌)을 뜻하는 말로 국내에서 사용.

알코올 분 Alcoholic Strength 에탄올이 포함된 양. % ABV로 표기.

애프터숏 Aftershot 후류.

언더 백 Underback 매시턴에서 당화된 맥아즙(워트)을 보관하는 곳.

에드링턴 그룹 Edrington Group 스코틀랜드의 거대 주류기업으로 맥캘란, 하이랜드 파크, 페이머스 그라우스, 브루갈 등을 소유.

에스테르, 에스터 Esters 알코올에서 생성된 화합물. 과일, 꽃 등의 풍미를 의미.

에어링 Airing 위스키를 공기와 접촉시키는 과정으로 개봉한 뒤 어느 정도 시간을 두는 것. 주로 국내에서 사용하는 단어로, 와인에서 마시기 전 공기와 접촉시키는 에어레이션(Aeration), 브레싱(Breathing) 등과 비슷하나, 위스키는 개봉 후 보관 기간이나 장소, 부피 등의 조건이 너무 달라 명확한 효과를 알기 어려움.

에이지 스테이트먼트 Age Statement 숙성 연수.

에이지드 Aged 국내에서 흔히 몇 년 숙성된 술인지 지칭하는 것. 정확히는 숙성 년(12년, 18년 등)으로 불러야 하며, 연산(Vintage)은 보통 해당 년에 증류된 위스키를 말함.

에이징 Ageing 오크통에서 숙성함.

에탄올 Ethanol 음용 알코올(Beverage Alcohol).

엔젤스 셰어 Angels Share 위스키 숙성 시 증발되는 양을 '천사의 몫'이라 부름.

엔트리 위스키 Entry Whisky 위스키를 처음 접하기 좋은, 혹은 쉽게 접할 수 있는 위스키(예: 엔트리급 위스키)를 뜻하는 주로 국내에서 사용하는 용어.

엘피에이 LPA; Liter of Pure Alcohol 순수 알코올 리터 함량. 리터에 위스키의 도수를 곱해서 산정. 오엘에이(OLA; Original Liters of Alcohol)는 숙성통에 증류액을 채웠을 때의 리터 알코올이며, 알엘에이(RLA; Regauged Liters of Alcohol)는 숙성 중 재측정한 리터 알코올.

연속식 증류기 Continuous Still 증류를 연속으로 하는 방식의 증류기.

연수 Soft Water 무기물(미네랄) 함량이 낮은 물.

오크통 Oak Cask 위스키 숙성에 사용하는 참나무(Oak)로 만든 통.

오피셜 보틀링 Official Bottling 공식적으로 상시 생산되는 위스키.

옥수수 Corn 버번위스키에서 51% 이상 사용해야 하는 주요 곡물.

온더락 On the Rocks 위스키 잔에 위스키와 얼음을 넣은 상태.

옵틱 보리 Optic Barley 1990년대에 개발되어 현재 가장 많이 사용하고 있는 보리종.

워시 Wash 발효로 어느 정도 알코올을 지닌 증류하기 전의 술(덧술, 발효액).

워시 리시버 Wash Receiver 워시 스틸에서 증류된 증류액을 받는 통(Wash Charger).

워시 스틸 Wash Still 1차 증류 시 사용하는 증류기로 발효되어 알코올 상태의 워시를 증류하는 증류기.

워시백 Wash Back 발효할 때 사용하는 통(Fermenter).

워트 Wort 맥아에 물을 부어 당화된 발효 전의 상태(맥아즙).

웜 튜브 Worm Tub 연장된 증류 구리관이 물이 담긴 큰 통을 지나며 응축되는 전통 방식의 응축기.

위스키 Whisky 곡류(특히 맥아)를 증류해서 만든 술. 대부분 어느 정도 숙성을 함.

유러피안 오크 European Oak 유럽에 분포하고 있는 참나무 종으로 크게 로부르 참나무(Quercus Robur)와 페트라 참나무(Quercus Petraea) 두 종류로 나뉨.

ㅈ

자일로스 Xylose 오크통에 있는 당의 화합물로 오크통 내부를 태울 때 캐러멜화되며 풍미를 생성함.

재패니즈 위스키 Japanese Whisky 정해진 규정에 따라 일본에서 생산된 위스키.

제분 Milling 당화 과정에 용이하기 위해 곡물을 분쇄하는 과정.

중류 Heart 증류 중반에 나오는 핵심 증류액.

증류 Distillation 끓는 점을 이용해 알코올을 추출하는 과정.

증류관 Lyne Arm 증류기 머리에서 응축기로 연결되는 영사관. 환류로 인해 높으면 가볍고 낮으면 무거운 증류액을 생성함.

증류주 Spirits 발효된 술을 증류해서 만드는 술.

ㅊ

차링 Charring 오크통 내부를 태우는 과정.

차콜 멜로잉 Charcoal Mellowing 위스키 원액을 숯에 거르는 작업. 테네시위스키에서 사용.

착향료 Congeners 위스키의 발효 · 증류 · 숙성 과정에서 형성되는 화합물로 위스키 풍미를 생성함.

초류 Head, Foreshot 증류 초기에 나오는 증류액.

칠 필터링 Chill Filtering 보통 차가워지면 뿌옇게 되는 현상(Haze)을 만드는 위스키의 잔여물을 제거하기 위해 냉각시키고 여과시키는 작업.

침묵 증류소 Silent Distillery 문을 닫은 증류소로 시설과 설비가 그대로 있는 경우도 있으며, 이런 증류소는 보류 증류소(Mothballed Distillery)라고도 부름.

ㅋ

캐나디안 위스키 Canasian Whisky 정해진 규정에 따라 캐나다에서 생산된 위스키.

캐러멜색소 Caramel(E150) 위스키의 색을 더하는 데 사용하는 액체. 위스키, 위스키 집단을 의미.

캐스크 Cask 위스키를 숙성하는 데 사용하는 통.

캐스크 스트렝스 Cask Stength 캐스크 안에 있는 원주(위스키)에 물을 타지 않고 그대로 병입하는 것.

캐스크 피니시 Cask Finish 숙성한 위스키를 다른 통에 옮겨 숙성시켜 통의 특징을 입히는 방식.

캠벨타운 Campbeltown 스카치위스키 대표 생산지 중 한 곳으로 17세기부터 위스키 산업 번성.

커머셜 몰팅 Commercial Malting 전문 기업 몰팅. 현재 대부분의 몰팅은 전문 기업에서 이뤄짐.

켄터키 Kentucky '버번의 고향'이라 불리며, 미국 내 버번위스키가 가장 많이 생산되는 주.

켄터키 츄 Kentucky Chew 위스키를 굴리고 씹듯 마시는 방법으로 부커 노가 처음 사용.

켄터키 허그 Kentucky Hug 위스키를 마시고 난 뒤 입을 덮고 식도에 남긴 따뜻한 느낌으로 부커 노가 사용.

콘덴서 Condensers 증류기를 통해 증류된 알코올 증기를 액체로 응축시키는 응축기.

쿠퍼리지 Cooperage 오크통을 생산 · 관리 · 보수하는 곳.

쿠퍼 Cooper 오크통을 생산 · 관리 · 보수하는 전문가.

퀘이크 Quich 양 손잡이가 있는 스코틀랜드 전통 술잔. 함께함, 단체, 우정 등을 상징.

키 몰트 Key Malt 블렌디드 위스키에서 사용되는 주요 몰트위스키를 말하며, 주로 국내에서 사용하는 단어.

ㅌ

타닌 Tannins 오크통에서 생성되는 화합물로 쓰고 떫은 풍미가 특징.

테네시 Tennessee 미국의 지역 이름으로, 이곳에서 정해진 규정대로 생산하는 위스키를 '테네시위스키'라 부름(잭 대니얼 등).

테루아 Terroir 생산되는 곳의 날씨, 기후, 환경, 지역 등 전반적으로 술에 영향을 미치는 것들.

테이스트 Taste 위스키를 맛보는 것(Palate).

토스팅 Toasting 오크통 내부를 가볍게 태우는 과정.

티스푼드 Teaspooned 위스키에 티스푼만큼 소량의 위스키를 섞어 싱글몰트가 아닌 블렌디드 위스키로 만드는 것. 주로 독립병입자가 구매한 증류소를 가리기 위해 사용.

ㅍ

파고다 루프 Pagoda Roof 과거 증류소에서 발아 공정 시 사용했던, 동양 탑처럼 생긴 일종의 환풍 지붕.

파이프 Pipe 500L 정도 용량의 숙성통으로 주로 포트와인에 사용.

팟 에일 Pot Ale 1차 증류 후 남은 잔여물. 드래프와 섞여 가축 사료로 사용되거나 비료로 사용(Burnt Ale).

팟스틸 Pot Still 전통 방식의 구리 단식 증류기.

팟스틸위스키 Pot Still Whiskey 아일랜드의 증류 방식으로 구리 단식 증류기에서 맥아(30% 이상)와 보리(30% 이상)를 두세 번 증류하여 제조하는 위스키.

퍼스트 필 First Fill 다른 위스키나 술에 사용한 다음,

스카치위스키 숙성 시 처음 사용하는 숙성통.

펀천 Puncheon 320L가량의 숙성통.

페놀 Phenols 알코올에서 생성된 화합물. 석탄산. 피트나 연기의 풍미.

페드로 히메네즈 Pedro Ximenez 셰리 와인의 한 종류.

포틴 Poitin 문샤인처럼 과거 아일랜드의 밀주를 뜻함. 지금은 여러 종류의 곡물로 만드는 아일랜드의 투명 증류주를 의미.

풀 프루프 Full Proof 숙성 시 제한된 최고 도수인 125 proof로 캐스크를 채우는 것(아메리칸 위스키에서 사용).

퓨어몰트 Pure Malt 블렌디드 몰트와 같은 의미. 베티드 몰트와 같이 스카치위스키에는 표기하지 못함.

프루프 Proof 알코올 함량 표기법 중 하나. 과거 해군에서 불을 붙여 알코올을 증명했던 것에서 유래함. 영국 100proof=57.1%, 미국 100proof=50% ABV이며, 주로 미국식으로 표기함.

플레이버드 위스키 Flavored Whisky 인공 향료, 감미료 등의 첨가물을 첨가한 위스키. 보통 40% 이하의 도수로 위스키로 분류되지 않음.

플레이버링 그레인 Flavoring Grain 버번위스키 제조에 사용되는 호밀, 밀 같은 옥수수 외 곡물들.

플로어 몰팅 Floor Malting 바닥에 맥아를 깔고 말려 발아를 멈추는 과정. 과거에 사용했던 전통 제조 방식.

피니시 Finish 풍미에 관한 단어. 위스키 마신 뒤의 여운이나 뒷 느낌.

피트 Peat '이탄', '토탄'이라 함. 풀, 이끼, 나무 등이 두껍게 퇴적하여 분해 변질된 것. 스코틀랜드 전역에 분포되어 있고 싹을 틔운 보리를 건조시키는 과정에 사용되며, 이때 피트향이 입혀짐.

피트 몬스터 Peat Monster 피트가 아주 강한 위스키.

피트 수치 The Total Phenol Parts Per Million 리터당 몇 mg의 페놀성 성분이 함유되었는지를 나타내는 수치. ppm으로 표기.

피티드 몰트 Peated Malt 피트 향이 밴 맥아.

피페트 Pipette 위스키 잔에 물을 떨어뜨리는 유리 도구.

피피엠 PPM; Parts Per Million 백만 분의 일=1mg.

ㅎ

하이랜드 Highland 스카치위스키 대표 생산지 중 한 곳으로 위도상 높고 지대가 높은 지역.

헤머밀 Hammer Mill 곡물 분쇄기.

헤이즈 Haze 술이 뿌옇게 되는 현상. 위스키에서 혼탁 현상은 위스키 온도가 낮을 때 지방산 등의 응고로 인한 것과 산화칼슘 등에 의한 것이 있음.

혹스헤드 HogsHead 스카치위스키 숙성에 주로 사용되는 250L 정도의 캐스크 크기.

호밀 Rye 척박한 환경에서 자라는 밀과 비슷한 곡물. 아메리칸 위스키에서 옥수수 다음의 주요 곡물.

화이트 독 White Dog 증류를 마치고 숙성하기 전의 투명한 증류액(스피릿, 뉴 메이크). 아메리칸 위스키 단어.

환류 Reflux 증류 시 알코올이 기화되어 이동하다 액체화되어 다시 돌아오는 것.

황 화합물 Sulphur Compounds 증류 시 생성되는 황화합물로 자극적인 고기, 고무, 달걀 등의 풍미가 특징. 조절 정도에 따라 독특한 풍미를 생성함.

효모 Yeast 당을 분해시켜 알코올을 생성하는 미생물.

효소 Enzymes 화학 반응을 촉진할 수 있는 단백질 촉매. 술에서는 전분에 작용하여 당으로 변화시키는 당화 효소를 이용함.

후류액 Tails 증류 후반에 나오는 증류액.